精进PPT
成为PPT高手

周庆麟　胡子平◎编著

U0194497

北京大学出版社
PEKING UNIVERSITY PRESS

内 容 简 介

本书不讲基础的 PPT 软件操作，专为广大职场人士系统传授制作"高大上"PPT 的精进技术。

首先，第 1 章内容结合当前 90% 左右人士制作 PPT 的"通病"或"误区"（不懂逻辑、没有分析目标、不了解观众、欠缺技法……），详细剖析了"为什么你做的 PPT 不出彩"。

其次，第 2 章内容讲解 10% 左右的高手在做 PPT 时的准备工作，并传授了如何创建和整理自己的 PPT 素材库，包括模板、字体、图片、图示、图标、逻辑图等元素的搜索、下载、整理及使用技巧。

最后，第 3~7 章内容系统地讲解制作"高大上"PPT 的相关思路和精进技术。内容包括：PPT 的内容排版思路与技巧、PPT 颜色搭配方法，PPT 中文字、图片、形状、图表等元素的科学应用及相关技巧，PPT 动画效果的合理应用，PPT 的打包输出注意事项及演讲 PPT 的相关技巧。

本书沉淀着笔者过去制作 PPT 过程中累积的诸多经验，希望能切实帮助读者精进 PPT 技能，提升 PPT 制作水平。

本书既适用于职场中的 PPT 小白学习，又适合有一定的 PPT 制作基础，但总困于无法设计出更吸引人的 PPT 中级用户学习，也适合刚毕业或即将毕业走向工作岗位的广大毕业生。而且，还可以作为广大职业院校、计算机培训班的教学参考用书。

图书在版编目(CIP)数据

精进PPT：成为PPT高手 / 周庆麟，胡子平编著. —北京：北京大学出版社，2019.1
ISBN 978-7-301-29947-0

Ⅰ.①精… Ⅱ.①周… ②胡… Ⅲ.①图形软件 Ⅳ.①TP391.412

中国版本图书馆CIP数据核字(2018)第227433号

书　　　名	精进PPT：成为PPT高手
	JINGJIN PPT：CHENGWEI PPT GAOSHOU
著作责任者	周庆麟　胡子平　编著
责 任 编 辑	尹毅
标 准 书 号	ISBN 978-7-301-29947-0
出 版 发 行	北京大学出版社
地　　　址	北京市海淀区成府路205号　100871
网　　　址	http://www.pup.cn　新浪微博：@北京大学出版社
电 子 信 箱	pup7@pup.cn
电　　　话	邮购部 010-62752015　发行部 010-62750672　编辑部 010-62570390
印 刷 者	北京大学印刷厂
经 销 者	新华书店
	787毫米×1092毫米　16开本　17印张　386千字
	2019年1月第1版　2019年1月第1次印刷
印　　　数	1—4000册
定　　　价	79.00元

PPT / 做得好是成功的基石
做不好就是绊脚石

网络上与PPT相关的事件越来越多。苹果、锤子发布会的PPT风格引起网友讨论；某某公司总监因为PPT做得太"low"被撤职，被网友当成茶余饭后的笑谈。

成也PPT，败也PPT！PPT做得好就是成功的基石，做得不好就是成功的绊脚石。究竟如何才能让自己的PPT超凡脱俗，受领导、客户认可，被同事羡慕？

很多人打开PPT，头脑空白，于是双手一摊说"没灵感"。没灵感——只是表面现象，灵感不是偶然的灵光闪现，而是深思熟虑的结果。有一位PPT"大咖"私下告诉我，他每次接到客户的单子，会用70%的时间来整理资料、厘清内容逻辑，再根据逻辑思考设计，最后只用30%的时间打开软件完成PPT制作。

"大咖"的想法与我不谋而合，我就是要打磨一本直击PPT要害的书籍，将"大咖"们零散又经典的思路集合成卷。

本书不"炫技"，也不会介绍各类"大招"。毕竟PPT的作用是解决实际问题，每一个设计点只有落到实处，才能学以致用。因此，本书以PPT制作的终极目的为出发点开始剖析，讲解每一个设计元素与实际应用的契合点。

本书杜绝"为了设计而设计"，主张从经验出发，结合不同行业、不同类型的PPT，讲解构思、逻辑、配色、排版、动画、演讲等。可以说是对"大咖"PPT实践经验的总结和精华的梳理，希望能真正帮助读者提升PPT实战能力。

本书内容

第1章	结合当前 90% 左右人士制作 PPT 的"通病"或"误区"，剖析"为什么我做的 PPT 不出彩"。
第2章	讲解 10% 左右的高手在做 PPT 时的准备工作。
第3~7章	系统地讲解制作"高大上"PPT 的思路、方法和精进技术。

本书特色

案例专业 ▶ 本书选择的案例均是各行各业的 PPT 典范，不花哨但是大气、高端，有艺术审美价值。

有效训练 ▶ 根据心理学大师研究出来的学习方法得知，有效的学习需要配合即时的练习。为了检验读者的学习效果，本书提供了 21 个"高手自测"题（扫描二维码可看专家思路）。

高手神器 ▶ PowerPoint 不是专业设计工具，它有短板！为了提高读者的 PPT 制作效率，本书介绍 PPT 高手平常都在使用的 12 个 PPT 制作工具。

配套资源

　　如果你是一个新手，请先看 "PPT 完全自学教程教学视频"；如果你还不会充分利用时间，请看 "10 招精通超级时间整理术教学视频""五分钟教你学会番茄工作法教学视频"。

　　以上资源及 PPT 课件，请扫描下方二维码关注公众账号，输入代码 H18719PPT，获取下载地址及密码。

　　本书由周庆麟、胡子平编著。在本书的编写过程中，我们竭尽所能地为读者呈现最好、最全的实用功能，但难免有疏漏和不妥之处，敬请广大读者不吝指正。若在学习过程中产生疑问或有任何建议，可以登录 Excel Home 网站社区咨询，也可以通过 E-mail 或 QQ 群与我们联系。

官方微信公众账号

投 稿 信 箱: pup7@pup.cn
读 者 信 箱: 2751801073@qq.com
读者交流QQ群: 586527675（新精英充电站 -2 群）
　　　　　　　218192911（办公之家）

温馨提示：如果加群显示群已满，请根据提示加新群。

目录

第1章

1

为什么你做的PPT就是不出彩

在这个追求体验、视觉化的时代,仅有思想和成果已远远不够,还要学会表达、学会展现。PPT 这个设计门槛最低的工具无疑是高效利器。在职场上,PPT 是过硬的方案呈现工具;在商场上,PPT 是项目合作、产品推广的演讲武器;对毕业生来说,PPT 更可能是职业生涯中第一次展示自己创意的"利器"。

做出让人鼓掌的 PPT,当然需要学习,但是并没有想象中的那么难,只需要从逻辑出发、从目的出发、提高审美、掌握技巧……

请带着下面的问题走进本章

1 在设计 PPT 前，事先准备内容有什么好处？应该如何准备？

2 在设计 PPT 页面内容时，页面只要美观即可吗？

3 为什么会遇到这样的情况：PPT 做到一半却发现内容顺序有误？

4 观众分别是中年人和青少年时，PPT 的设计是否需要有所不同？

5 设计 PPT 页面内容时，能否快速插入图片、图表、表格等内容，并熟练地将这些内容编辑成理想状态？

1.1 因为你不懂逻辑

逻辑是 PPT 的灵魂，没有逻辑的 PPT 也就是文字、图片的堆积，不能让观众领略内涵，更谈不上打动观众。PPT 的逻辑贯穿始终，从最开始的资料整理，到最后的动画添加，都需要考虑逻辑。简单来说，逻辑的目的是让 PPT 内容按照观众最容易理解的方式呈现。

1.1.1 80％的人都会犯的逻辑错误

逻辑看似无形却有形，它是串联整份演示文稿的主线。然而不少人在制作 PPT 前不事先整理内容逻辑，在制作页面内容时，也仅从美观的角度而非逻辑的角度来构思，忽略了内在逻辑。PPT 的学习之路，应从思维的改变开始，让逻辑为王的理念植入内心。下面来看看，大部分人可能犯的逻辑错误有哪些。

1 不梳理内容就开始做 PPT

没有系统地学习过 PPT 设计的人常常会出现这样的情况：PPT 做到一半却发现内容顺序不对、内容多余或遗漏，然后只能慌忙地重做。这往往是由于没有事先梳理内容逻辑导致的。

事先梳理逻辑可以减少后期不必要的修改。下面所示的 5 张图，是从一份已经完成的 PPT 提取出来的目录结构。通过观察可以发现存在以下问题。

"成功项目展示"应该包含在"年度工作成绩"中；"年度工作概述"应该是标题"01"，先介绍工作概况再介绍工作成绩是正确的逻辑顺序；在"年度工作成绩"这一小节中，"服务宗旨"不属于"成绩"范畴，应该放在"年度工作概述"这一小节中。

以上的逻辑错误在 PPT 制作完成以后再进行修改，十分费时费力。除此之外，没有事先梳理要制作的 PPT 内容，还可能在制作完成后，发现有遗漏的内容，如下面的案例中，发现没有添加"工作不足反思"这一项，又需要花费时间进行调整。

② 页面内容不以逻辑为主

与整份 PPT 的逻辑相比，单独幻灯片页面的逻辑更容易被忽视。幻灯片页面的逻辑影响观众对页面内容的理解程度。幻灯片页面中的图片、图形、文字，甚至图形颜色、大小、内容元素的位置关系，都是为逻辑服务的。例如，在中国的企业中，表达公司业绩是盈利状态的图表，不应该是红色，在财经领域，红色代表亏损。

为了保证逻辑无误，在制作每一页幻灯片时，可以带着这类疑问：这个图形的颜色是否有特殊含义？这张图表与文字的位置进行调换是否影响观众理解？这张配图是否能增强页面含义的表达？页面内容调换位置是否可行……

如下图所示，圆环根据数据大小从左到右排列，圆环中的数字从左到右越来越小且圆环颜色从深到浅。观众的阅读视线是从左到右的，这样的内容设计可以让观众快速了解各分店销售库存的大小排序，提高信息传达效率。整个页面中，文字、大小、图表、颜色、排版，所有元素均围绕着同一个逻辑主题来设计。

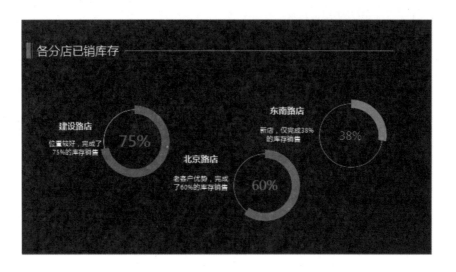

PPT 的内容逻辑可能是并列关系、递进关系、因果关系、包含关系……种种关系让 PPT 新手头晕眼花。那么这里就介绍一种最简单的逻辑方法，可以完全抛开"专业逻辑术语"。

如下图所示，是制作 PPT 前梳理内容逻辑的思路。首先确定这份 PPT 的演讲主题是什么，需要根据演讲目的、观众特点、场合等因素来确定。完成主题确定后，就需要收集能说明主题的资料，列出这份 PPT 要讲的内容要点，即提纲。最后再将提纲细化，列出每一页幻灯片中的内容。完成内容梳理后，要对整体逻辑进行检查。

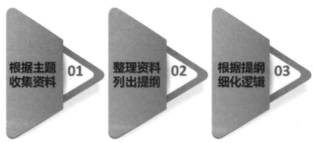

梳理内容逻辑时，可以使用思维导图逻辑直观地展现。例如，现在需要制作一份关于社群培训的商务策划书，需要在投资方面前演示，目的是获得投资。根据这样的要求，这份 PPT 的内容就应该围绕"这是一个靠谱且能赚钱的社群培训"这一主题来展开讲述。

下图所示为这份 PPT 在制作前的内容整理：根据主题去收集资料，把最有说服力最必要的资料列成提纲，提纲的顺序是经过思考的，首先讲述行业现状和竞争分析，引起投资人的兴趣；其次介绍公司，抛出公司优势；再次展现营销计划，让投资人明白这是一个成型的策划书；最后抛出目标，让投资人了解项目的利润所在。有了提纲后，再将具体的细化内容罗列出来。

在这张思维导图中，主题相当于 PPT 的标题页，提纲相当于 PPT 的目录页，提纲下面的第一级内容相当于 PPT 的小节页，而最后一级内容就是每一页内容页幻灯片展现的内容。现在需要做的就是将思维导图的内容用图片、图表等形式表现出来，成为一页一页的幻灯片。

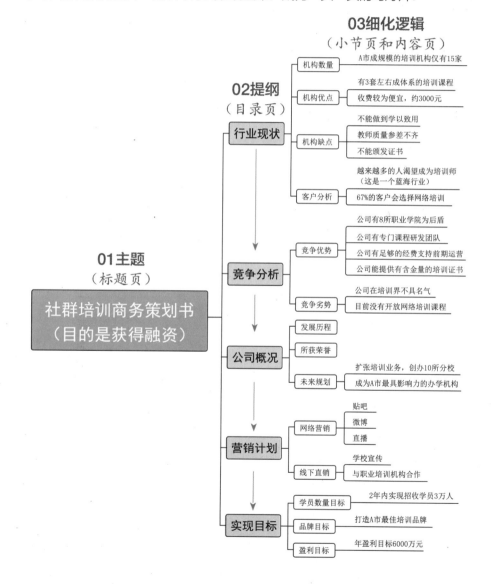

根据 PPT 的内容关系可以概括出多种逻辑关系，但是万变不离其宗，PPT 最经典的逻辑结构是总分结构，其他结构均可以由此变换而来。只要理解经典结构，就能在制作 PPT 时做到心中有数。

1 最基本的结构——总分

在利用 PPT 进行演讲汇报时，通常是从头到尾顺序演讲，这就意味着同一时刻只能展现一个内容。因此将内容"打包"，顺序展现是 PPT 最基础的逻辑结构。所有 PPT 都可以做成这种结构，只不过可以通过幻灯片页面内容、演讲时进行强调这两种方式来展现因果、递进、转折的关系。

如下图所示，内容被"打包"成"目录 1""目录 2""目录 3"。而"目录 1"又包含了"内容 1""内容 2"。在演讲时，按照这样的顺序，依次展现不同的内容。

2 并列

上面的总分关系图也可以代表并列关系。例如，在制作职场文案写作的教学培训 PPT 时，"目录 1""目录 2""目录 3"分别是"了解文案写作""文案写作思路""学会咬文嚼字"，这 3 个部分彼此独立，属于并列关系。

③ 因果、递进

在总分关系的基础下，被"打包"的内容可能存在前因后果、递进变化的关系，其结构如下图所示。该结构的目录中，箭头表示因果关系，因为人类的种种行为，导致了环境受到影响，最后产生环境污染的结果。

值得注意的是，这种结构的 PPT 可以在每个部分添加一页幻灯片来强调内容的因果关系。例如，在"人类行为"这部分的最后一页幻灯片中写上"人类行为对环境造成了什么影响？"的字样。

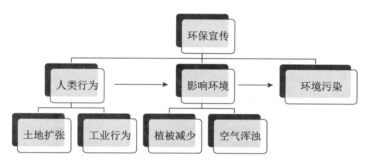

④ 转折

当被"打包"的内容之间存在转折关系时，其结构如下图所示，该结构表示"过去的产品性能因为人们的生活需求发生了改变"。为了强调这种转折，可以在演讲到"人们的生活需求"这一部分时通过手势、语气加强来说明转折。

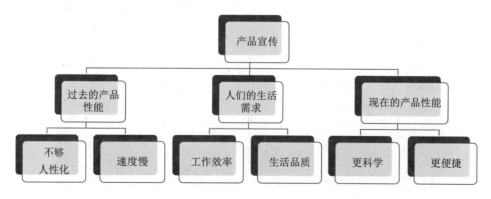

在设计每一页幻灯片页面内容时，正确的思考顺序是：①内容之间是什么逻辑；②这种逻辑的内容应该有怎样的位置关系；③如何排版内容才能美观。按照这样的思路将非常容易设计幻灯片的页面排版，下面来看 3 种最典型的逻辑排版方式。

1 表示关系对等的内容

并列是最常见的页面逻辑，如"方法 1、方法 2、方法 3"。如左下图所示是经过整理的页面内容，彼此之间的关系是并列的，那么这 4 点并列的关系只需要平衡地排列在页面中即可，可选的排列方式如右下图所示的两种，黑色圆点代表 4 个并列内容。

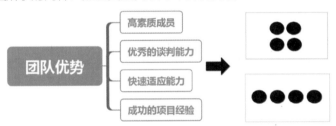

选择右上图中第二种排列方式，将 4 点文字内容配上图片，即可完成这页幻灯片的制作，效果如下图所示。

② 表示关系变化的内容

因果、递进、时间顺序这3种关系十分类似，都是在描述内容之间的变化过程。强调这种逻辑最好用的"利器"就是箭头。如下图所示，是经过整理的页面内容，有时间的先后顺序。现在只需要将这4点内容按照顺序排列在幻灯片中，再通过箭头连接即可，可行的排版方式如右下图所示的3种。

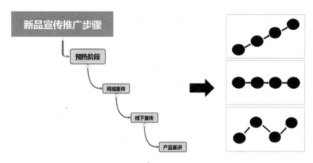

选择其中一种排版方式，将4点内容添加上美观的背景图形，即可完成这页幻灯片的制作，效果如下图所示。

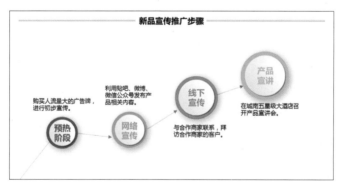

③ 表示关系对比的内容

对比关系指的是几组不同性质的内容，对于这类内容常常通过颜色对比、大小对比来进行。如左下图所示，是经过整理的4点对比内容，这4点内容有明确的大小关系，因此可以通过大小或颜色变化的方式来实现对比。常用的排版方法如右下图所示。

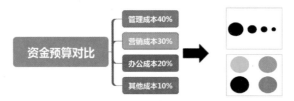

选择右上图第二种排版方法，将代表不同内容的圆圈换成美观的图形，效果如下图所示，一张表示资金预算对比的幻灯片便完成了。

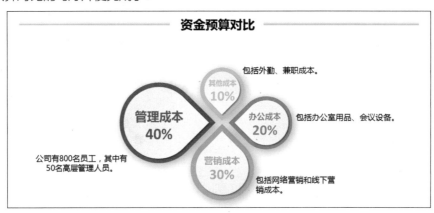

没有逻辑的动画不是好动画

PPT 动画分为页面切换动画和页面内容动画。大多数人使用动画的原因都是因为"酷炫"，在选择动画时，也是凭感觉，什么动画的效果更炫就选择什么动画。

PPT 动画看似简单，却属于高阶玩法。新手制作 PPT 时，如果对动画理解不深，反而会让 PPT 在播放时眼花缭乱，甚至打乱内容原本表达的含义。

好钢要用在刀刃上，下面就来揭开切换动画和内容动画的逻辑面纱。

1 切换动画

切换动画，顾名思义就是幻灯片当前页面切换到下一页面的过渡动画。打开 PowerPoint 的切换动画窗格,如下图所示,根据动画的名称就可以推测出动画的效果。例如,【风】这种效果,即为当前幻灯片页面出现被"风"吹走的效果,随之出现下一页幻灯片。如果从名称无法推断出效果,可以选择这种动画后,单击【预览】按钮查看具体效果。

很多人容易滥用切换效果。一般来说,如果没有特别要表达的内容,可以不用切换效果,或者选择最简单的切换效果【淡出】。当内容有特别含义时,可以借助动画来体现逻辑。要想借助动画加强内容逻辑,其方法在于——联想。

例如,【涟漪】动画让人想到水波纹,而水波纹营造出梦境、回忆的氛围。因此【涟漪】动画可以用在同学聚会上展示昔日的同窗旧照片,强调"逝去的时光"。

又例如,【翻转】动画让人想到事件反转、正反对比,因此可以用来表现改进前的事物是什么样,改进后的事物又是什么样。

如下图所示,这两页幻灯片的切换就可以使用【翻转】的切换效果,通过翻转动画切换页面,形成强烈的对比,冲击观众的视觉,让观众感受到截然不同的效果。

② 内容动画

PowerPoint 提供进入、强调、退出类型的动画，以及路径动画和触发式动画。从字面意思来看，就能理解进入、强调、退出动画的作用。路径动画可以设置一个特定的动画路径。而触发式动画可以设置一个触发元素，单击该元素，就会出现动画。

将这些动画应用到文字、图片、图形等内容上，可以让幻灯片页面元素"动"起来。如果没有目的地胡乱添加动画，会让页面内容"动"得混乱，引起观众反感。通常情况下，商务 PPT 中较少使用动画，以免给人华而不实的印象。课件制作或广告宣传类 PPT 则较多使用动画，增加趣味性和吸引力。

在添加动画时，要思考"给该内容元素添加这种动画的目的是什么"。例如，文字内容添加了【飞入】的进入动画，目的是让文字呈现出"飞入"幻灯片页面的效果，这是符合逻辑的。又如，为一张图片添加了【脉冲】的强调效果，是因为这张图片是重点图片，需要用闪烁的脉冲效果来引起观众注意，这也是符合逻辑的。

 高手自测 1 ———— 下面两张图分别是产品宣传 PPT 的目录和其中一张内容页，它们是否存在逻辑上的问题？如果存在，应该如何修改？

扫描看答案

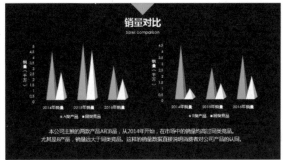

1.2 因为你没有分析目的

不围绕目的制作的幻灯片页面很容易达不到理想效果。确定分析目的可以有效防止 PPT 内容"跑偏",也能找到正确的内容展现方式。例如,一份为了招生的职业培训 PPT,其核心目的是"招生"而不是"培训"。所以在制作 PPT 时,不能将知识的讲解作为重点,应该展现公司的培训实力,培训实力可以用学员人数、学员反馈来展现。知识的讲解可以讲一半留一半,制作悬念"勾引"观众的报名兴趣。

如何根据分析目的找到 PPT 的内容及展现方式?这里推荐使用"金字塔思维"分析法,方法是从目的出发,进行倒推,最终推导出内容展示的重点所在,如下图所示。分析 PPT 制作的目的,推导达到目的需要的要素,展现这些要素需要的内容。

1.2.1 为了谈项目

根据"金字塔"思维,谈项目的 PPT 内容分析的推导过程为:PPT 制作的目的是拿到该项目,为了拿到该项目就需要满足对方的需求。要想满足对方的需求,就要调研出对方的需求是什么,并在 PPT 中对需求、痛点、解决方案进行分析。由于需求分析、方案解决是一个理性的过程,因此需要用理性的论据,如数据类型的论据来证明观点,让对方信服。为了让对方相信 PPT 演示方有能力接下此项目,还需要展现一下过去成功项目的业务能力,如下图所示。

有了金字塔分析作为基础，便可推导出项目 PPT 中应该呈现的重点内容大纲，结果如下图所示。有了这样的大纲，在制作项目 PPT 时就不会出现"跑题"情况，如突然想起某个管理大师的员工激励法很有用，把内容加进 PPT 中。

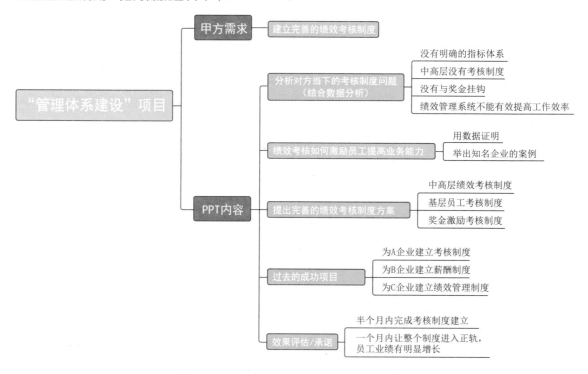

做培训是 PPT 的常用功能之一，此类 PPT 的分析过程如下图所示。培训的目的是让学生学到

知识。学生能高效学习知识的前提是课程有趣且明白易懂，换句话说就是要有趣、有条理地传授知识。PPT 内容要有趣，就需要图文结合、添加视频演示，吸引学生注意力。要条理清晰地传授知识，可以使用总分的 PPT 经典结构，将知识进行归类总结，分成几个小节展示。小节讲解时，将重点内容突出展示。小节完成后，穿插思考题，让学生及时巩固，提高学习效率。

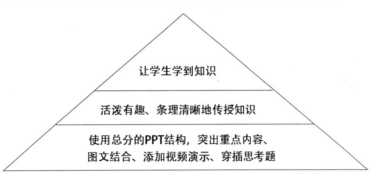

1.2.3　为了找工作

随便下载的 Word 模板等于不用心的简历，一个连推销自己都懒得花心思的人如何赢得 HR 的好感？所以，使用 PPT 制作简历，成了当下流行风潮。但是 PPT 华丽得像设计大师的作品就能赢得 HR 的青睐吗？答案是不能，首先要分析 HR 到底想看到什么。

具体的分析思路如下图所示。投简历的目的是得到工作，得到工作的前提是吸引 HR 的注意并让 HR 觉得你能胜任。为什么能胜任——因为符合招聘需求。那么 HR 不关心的信息不要展现，不要为了增加篇幅在简历上乱放内容。

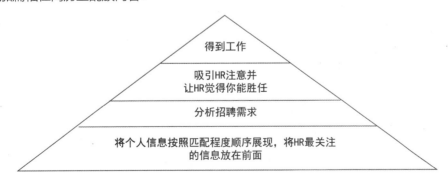

根据金字塔分析，很容易找到简历 PPT 的制作要点，如下图所示，整份简历都是在告诉 HR"我能胜任这份工作"。至于内容出现的顺序，也是充分考虑 HR 的关注点所在，如为什么把教育背景放在后面，是因为很多应聘者的专业与岗位并不符合，那么教育背景会影响 HR 的判断，认为应聘者不符合要求（教育背景与岗位需求一致可放在前面）。之所以把联系方式放在最后，是因为 HR 会先关注应聘者的工作经验、技能是否能胜任这份工作，才会考虑要不要联系这位应聘者，换句话说，在让 HR 了解自己有一定工作能力前，最好不要展现无关的多余信息。

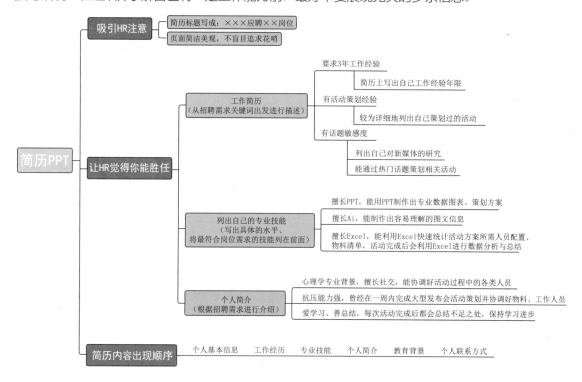

1.2.4 为了做宣传

为了做宣传的 PPT 其终极目的往往不是宣传，而是让观众了解企业、产品、活动，从而产生与企业合作、购买产品、参加活动的兴趣。以产品宣传 PPT 为例，其金字塔思考流程如下图所示。

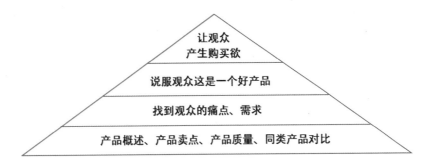

让观众
产生购买欲

说服观众这是一个好产品

找到观众的痛点、需求

产品概述、产品卖点、产品质量、同类产品对比

根据分析可以发现产品宣传 PPT 最重要的地方在于找到观众的痛点和需求，从而有针对性地展示产品。例如，一款足浴盆产品，观众的痛点在于"担心身体健康"，因此需要着重展示产品的按摩保健功能。同时观众需要产品的安全性有保证，因此还需要强调产品的防漏电设计等。

对于产品宣传 PPT，如何找到最直击人心的需求和痛点？首先可以通过剖析产品的作用、设计原理、材质等内容进行拟定，如下图所示。也可以在购物网站中，查看这款商品有哪些功能（卖点），没有列出的功能很可能就是观众不关心的点，可以不用在 PPT 中展示出来。设置售价时，查看在自己的产品售价范围内，销量最好的一些商品是如何进行介绍的。这些商品能销量靠前都与商品描述脱不开关系。

高手自测 2 —— 做工作汇报 PPT，如何通过分析目的找到制作方向？

扫描看答案

1.3 因为你不了解观众

观众想要的是一个苹果，如果给了他一颗香甜的草莓，即使这是一颗天价草莓，也不能打动观众。这就是制作 PPT 前分析观众的作用所在——理解观众才能打动观众。

1.3.1 从心理学的角度分析观众

为什么别人做的产品推广 PPT 能快速赢得消费者的喜爱？为什么别人的培训课件能获得学员的一片掌声？让观众被 PPT 吸引、打动，这不是魔法，是观众的情绪在起作用，而影响观众情绪的正是观众的心理。研究目标观众的心理诱因，可以让 PPT 的内容轻松打开观众的心门。

观众的心理类型比较多，在制作 PPT 时，只要利用目标观众最典型的 2~3 种心理，即可提升 PPT 的吸引力。如下图所示，是一些观众心理，在制作青少年人群的产品推广 PPT 时，可以利用青少年的自我表现心理和共鸣心理，强调产品的个性，来赢得他们的好感。

由此可见，只有熟知常见的观众心理，才能在制作 PPT 时信手拈来。下面就针对 PPT 可利用的典型观众心理进行介绍。

1　熟悉度偏见心理

　　熟悉度偏见心理指的是观众更倾向于相信自己熟悉的事物。制作 PPT 时如果刻意添加目标观众熟悉的内容，能快速建立信任感和亲切感。

　　熟悉度偏见心理案例：①到 A 市去播放文创产品推广 PPT，插入 A 市的景点配图和特色文化，赢得 A 市观众信任感；②产品 B 新上市，观众对它很陌生，但是对市场上的老产品 C 很熟悉，通过类比产品 B 与 C，让观众快速熟悉 B 产品；③面对全职妈妈的产品推广，更多地使用家庭图片，而非职场图片。

2　自我表现心理

　　自我表现心理指的是观众会对能彰显自我个性的内容表现出认同感，如有个性的服装、定制型产品，从而让用户的心理得到满足。

　　自我表现心理常常用于观众是青少年人群和有个性化色彩的产品推广。如下图所示，是婚礼方案 PPT 的页面，页面没有像普通婚礼方案那样配上了高清大图，而是手绘图片，文字也使用了手写体，整个页面都在强调这是"定制的个性化婚礼"。

3　权威心理

　　权威心理指的是观众更容易相信地位高、有威信、有成功项目的权威人士。这就是为什么很多培训类课件开始时会介绍讲师，并且在介绍时将讲师的头衔、成功案例罗列出来。作用在于利用权威心理，让学员对讲师产生信任感。

权威心理通常用在培训课件、调查报告、发布会 PPT 中。

4　成就感心理

人的内心深处有一种驱使自己成功的力量，希望通过努力来实现自我，这就是用户的成就感心理。使用成就感心理需要掌握度，人们喜欢成功，但是不喜欢太遥远、不切实际的成功，如果观众意识到这样的成功是他不能达到的，就会产生挫败感心理。例如，职业培训时，使用的典范人物是比尔·盖茨，观众就会认为无论自己怎么努力也成不了第二个比尔·盖茨，从而失去对 PPT 培训内容的兴趣。

成就感心理通常用在培训类、商务提案类、自我实现类产品的 PPT 中，通过可实现的成功，来刺激观众的成就感心理，鼓励观众参与其中。如下图所示的 PPT 便利用了观众的成就感心理，鼓励观众参加职业培训，实现职场上的成功。

5　从众心理

社会群体中的个体会努力保持与社会大众一致，这就是从众心理。从众心理能让观众产生购买、参与冲动，让他们产生的心理感受是："这么多人用，肯定没问题"；"原来这么多人参加，我不参加就落后了"。

从众心理通常用在产品推广、活动宣传 PPT 上，通过配图和文案来刺激用户的从众心理，如用标红的大数字告诉观众有多少消费者购买了这款产品。

6 共鸣心理

共鸣心理指的是让观众看到能产生强烈认同的画面和文案，从而产生强烈的共鸣情绪。通常情况下，新鲜、时尚、搞笑的内容会引起青少年的共鸣；对家庭的辛苦付出、职场家庭的兼顾问题，会引起母亲群体的共鸣；身体方面的不适、对亲情的渴望会引起老年人群的共鸣；旧照片、老事物会引起怀旧人士的共鸣。

共鸣心理普遍适用于各类 PPT 中，方法是呈现目标观众的焦点事物。如下图所示的是关于 90 后减压产品推广的 PPT 页面，页面中呈现出了 90 后最关注的就业、生活、住房压力，引起观众的共鸣。

7 相关心理

与共鸣心理类似的是相关心理，指的是观众更关注与自己相关的信息，而对与自身无关的信息则不感兴趣。

相关心理在制作 PPT 时应用十分广泛，可以通过呈现与观众相关的信息，有效吸引观众的注意力。例如，向某公司介绍某项目，应把重心放在该项目对公司的影响上，而不是一味地谈论这个项目如何好，项目再好与此公司无关，是不能引起对方兴趣的；又如，介绍某款产品时，不知道如何选择描述卖点，就去思考这款产品与目标观众的工作、生活有什么联系，最大的作用是什么；

再如，吃西餐与青年观众有什么相关性呢？青年人为什么一定要学吃西餐呢？要向单身的青年观众推荐吃西餐的礼仪课程，可以抓住吃西餐的优雅举止能赢得异性好感这个关联，设计如下图所示的PPT页面，吸引观众的注意力，让观众不再置身事外。

从文化背景的角度分析观众

    符合观众人生观、价值观、喜好的PPT内容更容易让观众接纳。而文化背景是影响观众观念的重要因素，来自不同地域、接受不同文化教育的观众，其观念是不相同的，这也是制作PPT时应当考虑的背景层面。

1 地域层面

    所谓一方水土养一方人，不同的地域由于环境、人文、经济水平的不同，人的性格也不相同。考虑目标观众的地域，可以将PPT做得更符合观众的"调性"。例如，西方人倡导独立自主，提倡个人主义，而东方人则强调集体主义，以家庭为重。观察很多产品在东西方的海报，会发现两种截然不同的风格。

    考虑观众的地域层面，应该考虑观众来自什么国家、什么地区，这个地方的人有什么价值观、喜欢什么颜色、禁忌是什么，从而制作出符合观众观念的PPT。

    如下面所示的两张图，同样是宣传训练营产品的，左下图强调自我突破，右下图则强调家庭的期望，这就是针对不同文化背景人群的PPT页面。

2　文化教育层面

面向小学生和大学生的宣传 PPT，文字表述、配图肯定是不一样的，这是因为 PPT 的内容要符合观众的认知程度。从观众的教育程度出发，使用观众看得明白的表现方式制作 PPT，能提高页面信息的传达效率，让内容更容易被观众熟记。

如下图所示的是针对职业人士和小学生的礼仪培训 PPT 页面，其文字表述和配图都是截然不同的风格。

观众的年龄不同，所喜欢的颜色、风格、内容表述也不相同。总体来说，年龄越小的观众，越喜欢颜色鲜艳、风格活泼、动画较多、有趣的内容描述。而年龄越大的观众，则更喜欢颜色较深、配色简单、风格沉稳、动画较少、描述理性的 PPT。

例如，针对中年人的 PPT，可以选择藏青色、灰色、黑色为主要色调，尽可能地使用数据、调查报告这类理性的论据观点，少用或不用动画，通过严肃的内容来说服观众。如下图所示的是一页理性十足的 PPT 页面，对中年男性来说颇具说服力。

多10%精神，强者自强
全能型SUV

 高手自测 3 —→ 如果要向中年男性宣传新产品，可以从哪些方向考虑 PPT 的内容？

扫描看答案

1.4 因为你欠缺技能

学习了一大堆 PPT 理念，如排版要整齐、要用图表表现数据、要使用优质图片，可是打开 PowerPoint 问题却来了：图片之间怎么对不齐？图表怎么不按要求显示数据？图片不清晰怎么办？

原来 PPT 制作不是简单地插入文字图片就可以，该掌握的技能一个都不能少！这些必备技能都将穿插在本书后面的内容中，下面先来初步了解一下，做到心中有数。

1.4.1 PPT图文怎么堆

在 PPT 小白看来，排版就是将图片、文字放在 PPT 页面中，凭感觉调整一下位置。而 PPT 高手却会充分使用参考线、网格线、标尺、对齐功能，甚至是插件来精准排版。排版不再靠感觉而是靠技巧，是成为高手的首要技能。

1 使用参考线、网格线排版

在 PowerPoint 的【视图】选项卡下选中【网格线】和【参考线】复选框，可以在移动对象位置时有一个统一的标准。如下图所示的是打开网格线和参考线的效果，使用水平和垂直方向上的线，精准调整对象位置。

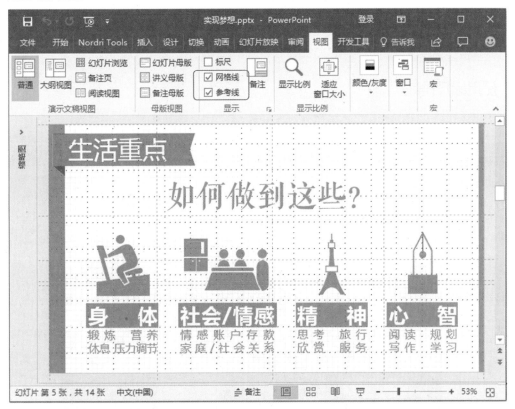

PowerPoint 提供了智能参考线功能，在移动对象时，会出现一条红色的虚线，显示对象关于某个位置的对齐状态。如下图所示，移动右边的文本框，显示的参考线表示文本框与左边的图片顶端对齐，与右上角的图形左边对齐。打开智能参考线的方法是，在 PPT 页面中右击，在弹出的快捷菜单中选择【网格线和参考线】选项，选中【智能参考线】复选框。

② 使用标尺排版

　　标尺是针对文字排版的工具，主要作用是方便对齐文字。如下图所示，在【视图】选项卡中选中【标尺】复选框就能打开水平和垂直方向的标尺，选中文字移动标尺，就可以看到文字对应的标尺，移动标尺可以调整文字排版。

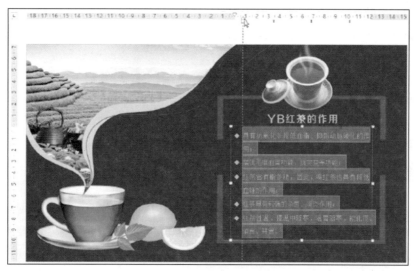

③ 使用对齐功能排版

如何快速让元素顶端对齐、左对齐、在水平方向的间距相等？答案就是使用对齐功能。如下图所示，选中需要排版的 4 张图片，单击【对齐】下拉按钮，在弹出的下拉菜单中选择对齐方式就能让图片整齐排列。如果选择【横向分布】或【纵向分布】选项，还能让图片在横向或纵向的间距相等。

④ 使用插件排版

PowerPoint 自带的功能只能满足常规的排版，对于创意性排版，往往需要使用插件。现在很多 PowerPoint 插件都带有排版功能，如下图所示，使用 Nordri Tools 插件中的【环形复制】功能，可以设置参数将对象排列成符合需求的环形。

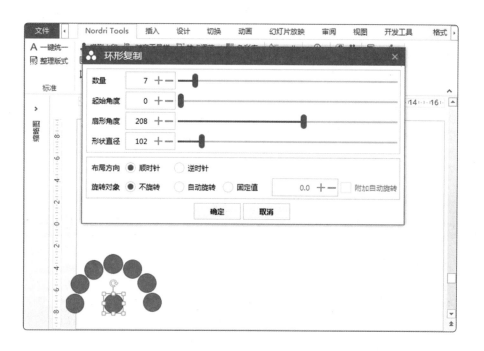

要表现团结的力量是使用一句经典的文案还是一张配图？要表现一组数据是使用文本框还是表格或者是图表？如何将内容以最正确的方式呈现是 PPT 能否出彩的一个关键。

在幻灯片页面中可以插入多种不同类型的对象，如下图所示，在【插入】选项下，可以插入表格、图片、图标、图表等对象。但是什么情况下该选择什么对象元素插入？插入对象后，如何编辑才能正确地表达含义？这是制作 PPT 需要思考的两个问题，只有正确理解不同的对象，学会编辑对象，才能制作出吸引观众目光的 PPT。

在幻灯片页面插入不同的对象元素并进行编辑是制作 PPT 的重点，如下图所示，是 PPT 常用对象元素的作用及操作要点。

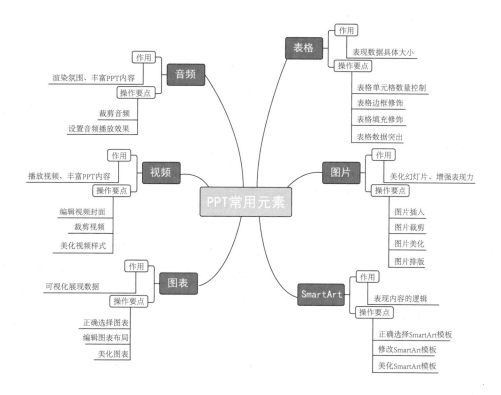

非科班出身，这样提高审美

设计出专业级 PPT 不是设计师的专利，非科班出身的普通人也能设计出专业水平的 PPT，关键是掌握方法。提高 PPT 的美观度可以参照优秀的作品、使用网络工具和 PowerPoint 自带的工具实现更高级的配色，还可以通过寻找优秀的素材来提高页面的美观度。

1 参照优秀作品

如果我能看得更远一些，那是因为我站在巨人的肩膀上——这句话用在 PPT 制作上同样适用。PPT 小白没有设计基础，但是找到优秀的作品作为参照，就能在很大程度上提高水准。优秀的作品主要是指 PPT 模板，还包括设计网站的海报、文案，这些都是参照物。关键在于到什么网站、找什么类型为参照。这在后面的模板章节会详细讲解。

2 快速配色

　　颜色是观众接收到的首要信息，配色的美观度决定了 PPT 的设计水准。配色对于非美术专业的人来说很难掌握，值得庆幸的是，无论是 PowerPoint 软件还是网络工具，都有许多方便配色的功能。

　　如下图所示，先到配色网站中将优秀配色截图到幻灯片页面，再通过【吸管工具】吸取颜色，就可实现快速专业配色。

3 使用好的素材

　　PPT 素材用得好，不仅能提高效率还能增强页面效果。PPT 素材不仅包括图片，还包括表格素材、图标素材、逻辑图素材、音频素材、视频素材。不同的素材有不同的寻找渠道，找到素材后要正确处理素材并合理保存使用，才能发挥素材的最大功效。

　　以图片为例，表达理想的概念，有人会直接搜索关键词"理想"，有的人则会搜索"雄狮"，这两种不同的思路，找到的素材风格迥然不同。面对众多搜索结果，学会筛选，能大大提高效率，如下图所示。

 高手自测 4 —— 幻灯片页面中需要表现公司业绩在一年 12 个月中的变化趋势，具体应该使用什么元素来表达？为什么？

扫描看答案

2

高手在做PPT前都做了哪些准备

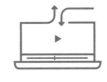

　　这是一个讲究效率的时代，更是一个讲究"偷懒"的时代。不会P图、不会设计的非科班出身小白，要想快速完成"大咖"级别的PPT制作，秘诀只有一个，那就是——准备！正所谓不打无准备之仗，方能立于不败之地。

　　纵观高手制作的PPT，实际上就是精美的图片、表义明确的逻辑图、有趣的图标等元素的集合。如果在上网浏览之余，通过特定的渠道收集好这些素材元素，就能在制作PPT时手到擒来，快速为自己所用！

请带着下面的问题走进本章

1 模板的质量对 PPT 制作有什么影响？

2 为什么高手 PPT 中的字体总是那么好看？

3 什么类型的图片放进 PPT 中会降低其质量？

4 PPT 中表示内容元素并列、递进等关系的一些图形是什么图？这种图可以事先收集为素材吗？

时间不够，模板来凑

方案截止时间快到了，PPT 还没有开始做；没有灵感，找不到设计的思路……做 PPT 的路上总是有太多的"绊脚石"。不要着急，学会使用模板，效率、灵感都不是问题。

2.1.1 找到优秀模板的渠道

记住一句忠告——永远把重心放在模板的质量上，而不是数量上！好的模板犹如一位优秀的导师，将精心的设计呈现在你眼前，供你使用、模仿。而低设计水平的模板不仅影响审美，还让 PPT 设计水平停滞不前。对比低劣模板和优秀模板，可以发现优秀的模板有统一的配色、插图风格、排版风格，让使用者受到"优秀品质"的熏陶。

如下图所示，前者是质量低劣的模板，后者是配色、版式设计均统一的模板，使用后者自然更容易制作出高质量 PPT。

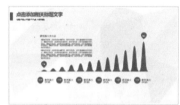

① 微软 OfficePLUS

要推荐的第一个 PPT 模板网站便是微软 OfficePLUS。它是微软官方模板网站，通过这个渠道找到的模板不仅有崭新的 SmartArt 图和图表设计，更重要的是几乎不会出现格式上的错误和问题。同时也会根据当下流行的软件版本和尺寸来提供优秀的模板。

如下图所示，通过用途、风格、图表类型来进行搜索限定，可以快速找到所需要的模板。

② PPTSTORE

想要设计更精美、在商务场合拿得出手的 PPT，或者想要个性化定制 PPT，摆脱千篇一律的模板，可以使用 PPTSTORE，这里有大量设计考究的模板，并提供定制服务。不过 PPTSTORE 中大部分模板是付费使用的。

在 PPTSTORE 中可以根据模板的类型和主题来寻找目标模板，还可以在【高端订制】中进行个性化模板订制购买，如下图所示。

③ 第1PPT

第 1PPT 中有不同类型、行业的模板，更重要的是可以找到 PPT 背景素材、图表素材、逻辑图素材，类型可谓十分丰富，如下图所示。

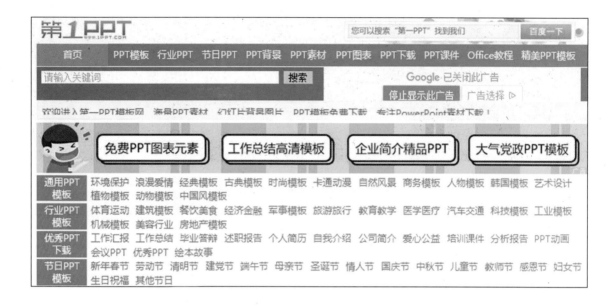

4 演界网

演界网提供不同用途、行业、风格的模板，以及定制模板，模板分为免费和付费，是一个能找到高质量 PPT 模板的网站，如下图所示。

5 优品 PPT

优品 PPT 是一个分享高质量模板的网站，除了模板外，还有各种 PPT 制作时所需要的素材，包括图表、背景图片、字体及 PPT 教程，如下图所示。

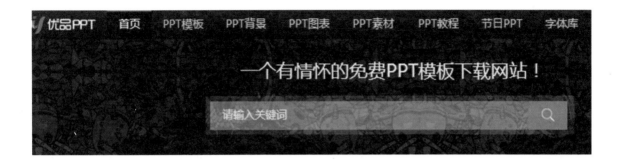

6　PPT 之家

PPT 之家提供了不同的 PPT 模板，同时还提供了背景素材、图表素材、背景音乐及 PPT 软件、PPT 教程，如下图所示。

找到模板不会用，等于零

在硬盘里囤积了成百上千的模板，却滥用模板，还不如将一个模板用得尽善尽美。模板的使用，绝对有套路可言。

1　基本技法：删除

面对 PPT 模板，最基本的步骤就是删除多余元素，包括不符合需求的页面和水印。

在一份 PPT 模板中，并不是所有页面都会被用到，并且模板中往往会包含模板介绍页面、使用说明页面，删除多余页面，可以让精力更为集中。删除多余页面有一个技巧，可以进入【幻灯片浏览】视图界面下，快速浏览所有页面，并按住【Ctrl】键选中不需要的页面，再按【Delete】键删除即可，十分方便。

模板水印的删除分为两种情况：一是水印可以直接在幻灯片页面中选中删除；二是水印在幻灯片页面无法选中，这时就要到【幻灯片母版】视图下进行删除。如下图所示，进入幻灯片母版视图状态后，找到有水印的版式，就能选中母版中的水印，删除即可。

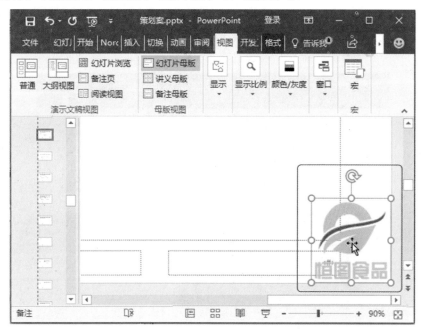

2　通用技法：替换

使用 PPT 模板，最常用的技法就是替换。将模板中的图片、文字替换成所需要的内容。为了防止在替换过程中出现图片变形、文字格式改变的情况，可以用下面的技巧进行替换。

替换图片时，右击图片，在弹出的快捷菜单中选择【更改图片】选项，而不是重新插入图片，如下图所示。

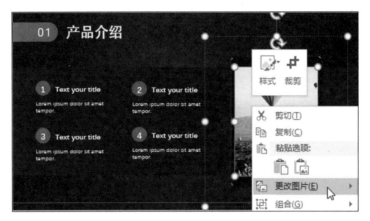

如果右击图片没有出现【更改图片】选项，说明这是一张填充在形状中的图片，此时应该到【设置图片格式】选项卡中，单击【文件】按钮，重新选择填充图片，以实现替换图片的目的，如下图所示。

在修改模板文字时，不要将文本框中的文字全部删除再重新输入或复制文字。正确的做法是复制文字后，选中文本框，单击【粘贴】下拉按钮，从弹出的下拉菜单中选择【只保留文本】的粘贴方式。原文本框的内容即可被替换，并且格式不变，如下图所示。

如果要重新输入文字，可以将文本框中的文字删除，只保留第一个文字，随后输入的文字就会保留第一个文字的格式，最后再删除第一个文字即可。

3 高级技法：修改

利用模板制作 PPT，还需要一些"高级"技能，以满足更多的需求。例如，发现模板配色不符合需求时，可以修改配色。配色修改一般有两种情况，一是有固定配色要求，如要求使用企业的专用配色；二是配色格调不符合需求，此时可以到配色网站中，找到合适的配色，再进行替换。在修改配色时，切忌没有依据地胡乱修改，正确的思路如下图所示。左边是 PPT 模板，有 3 种配色，不同颜色有不同的用途；右边是在配色网站中找到的另外 3 种配色，根据实际需求，将这 3 种配色用途进行分类，最后得出配色替换方案。

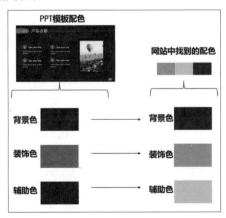

除了配色外，图表也是需要修改的内容。模板中的图表数据往往不符合实际需求，这时要执行图表的【编辑数据】功能，编辑图表源数据，实现修改图表的目的。

2.1.3 字体素材，让模板尽善尽美

下载模板时可能出现这样"奇怪"的现象，网站中的模板字体明明很有艺术感，下载打开后却变得平淡无奇。这是因为计算机中没有安装模板中的字体素材所致。所以要想充分利用模板，字体素材不能少。

1 好字体这里找

寻找字体的渠道有多种，使用好一种就能满足绝大部分的需求。这里推荐【求字体网】，如下图所示，在该网站中，可以通过字体图片来找到相应的字体素材，或者直接选择、搜索字体名称来寻找素材。找到目标字体素材后，下载即可。

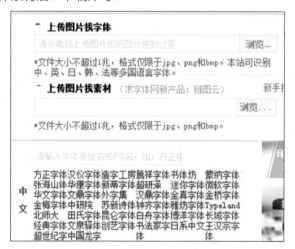

2 找到字体这样用

下载好字体素材后，需要进行安装才能在 PowerPoint 中使用。方法是将下载的字体素材解压

后，右击后缀为".ttf"的字体文件，选择【安装】命令即可，如下图所示。

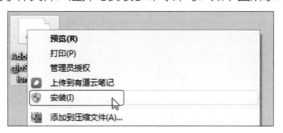

 高手自测 5 ← 现在要制作毕业答辩 PPT，如何快速找到符合需要的模板？

扫描看答案

2.2 找到好图片，成就精彩页面

"文不如表，表不如图"是 PPT 制作的一个原则，可见图片对于 PPT 的重要性。一张富有寓意、构图美观的图片，再配上几个精雕细琢的文案，一页感染力极强、直击观众内心的精彩幻灯片便大功告成。

2.2.1 这4种图片千万不能用

PPT 小白可能会遇到找不到感染力强的优秀图片的情况，但是至少可以做到，避免误入雷区。使用了"雷人"图片，瞬间降低 PPT 的品质。

1 不用"驴唇不对马嘴"图

PPT 图片的使用切忌没有目的性地添加图片，或者仅是为了美观、个人喜好随意添加无关的图片。图片的添加要有目的性，要与页面的内容意义相符，否则容易造成页面内容表述不清，同时会降低 PPT 水平。检验 PPT 配图是否与主旨相关的方法是，询问自己"这页幻灯片一定要用这张图片的理由"，如果能说出 3 点及 3 点以上的理由，图片便具有目的性，不会与主旨不符。

如下图所示，页面文字"在路上"与图片的道路内容相符，"进无止境"与图片中的道路延伸含义相符，图片有美观性，因此这是一张有目的的图片。如果换成食物、服饰等内容的图片，即使构图再美观，也显得文不对题，让人捉摸不透。

② 不用水印图

图片中的水印犹如华丽服饰上的一个破洞，十分碍眼。找到图片时，务必去除水印，如果无法去除，则应当舍弃这张图片。如下图所示，PPT 页面没有问题，唯一的问题是下方的水印，显得格格不入，同时让观众感到凌乱，显得不专业。

③ 不用模糊图

像素不高的模糊图片会降低 PPT 的页面质量，让观众丧失阅读欲望。通常情况下，应当选择尺寸较大、画面内容较清晰的图片。

为了保证图片足够清晰，可以使用下面两种方法。

①在找图片时就选择尺寸较大的图片，如下图所示。

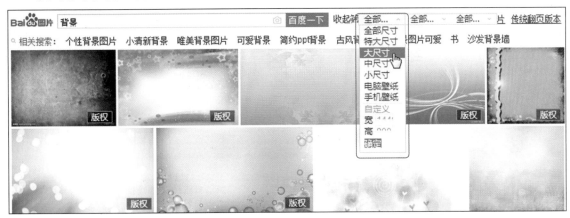

②在有目标图片的前提下，将图片放到【百度图片】的【百度识图】中，搜索尺寸更大的图片，如下图所示。

4 不用变形图

变形图片通常是指比例失调的图片，在寻找图片素材时，变形图片不能用。找到图片后，将图片放入幻灯片页面中，也要注意等比例调整图片的大小。如果使用了变形图片，会使画面呈现出劣质感，降低PPT品质。如下图所示，背景图片变形，圆形的咖啡杯变成了椭圆形，画面丧失协调性。

2.2.2　换个思维找图，效果更好

为什么"大咖"的 PPT 配图总是能打动人心？难道"大咖"有特殊的找图渠道？当然不是，网络中的图片素材人人都可以搜索到，问题是怎么搜！所以，先不要着急保存一堆图片素材网址，把搜图的功夫学到手，一个网址抵十个。

在学习图片搜索技巧前，先清楚一个核心问题——究竟什么样的图片对于 PPT 来说是合格的配图？

在 PPT 中插入图片，其目的主要有两个：展示说明事物和渲染氛围。从两个目的出发可以得知，要想展示说明事物，就需要使用比较清晰直白的事物相关图片，如展示某款电子产品的外形，那么一张产品高清图就是合格图片；要想渲染氛围，显然需要使用含义更深刻的图片，因此只有能强化主题、增强观众认知的图片才是合格的图片，如果想让观众感受到希望，可以使用太阳升起、植物发芽的图片。

从这两种目的出发，可以总结出以下搜索技巧。

① 寻找展示说明类图片

展示说明类图片的基本要求是与具体事物相关、画面清晰。因此这类图片的搜索技巧是——使用明确的搜索关键词。如下图所示，寻找手写笔记本的图片，如果将"笔记本"作为关键词，搜索出来的将是电子产品，应该使用更明确的关键词，如"手写笔记本"。同样的道理，搜索"红色 别墅"出来的图片会比"房子"更加精准。

有时找不到合适的图片，在搜索图片时不妨将中文关键词换成英文，结果会有所不同，甚至可以发现质量更好的图片。如下图所示，将"扫地机器人"换成"Sweeping robot"，搜索到的图片质量更好。

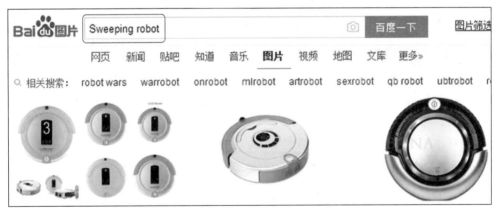

② 寻找渲染氛围类图片

渲染氛围类的图片并不是为了直接展现某种事物，其内容往往比较抽象，因此需要发散思维，进行联想，找到与主题相关的一些词汇。例如，PPT的主题与勇气相关，需要让观众感受到勇往直前的力量，充满斗志。此时就需要根据核心关键词"勇气"进行思维发散，找到能代表勇气的具体行为、事物，其结果如下图所示。

根据核心关键词发散出的相关关键词进行搜索，往往能找到更有感染力的图片。如下图所示，分别是搜索"勇气"和"攀登高峰"关键词的搜索结果，前者搜索出来的图片范围比较广，很难选到感染力强的图片，而后者搜索出了具有特定感染力的图片。同样的道理，想表现"团结"可以搜索"狼群""紧握的手""蚂蚁"等词。

与寻找展示类图片一样，搜索渲染目的的图片也可以使用英文关键词搜索，方法是将发散出来的相关关键词翻译成英文进行搜索。

2.2.3 高清好图的寻找渠道

搜索图片素材，不要只会上百度，不否认百度图库中也有好的图片素材，但是搜索出来的图片质量参差不齐，降低了搜索效率，并且难以搜索到更有创意的图片。使用好以下6个图片搜索渠道，PPT 配图不再愁。

① Bing 图片：优秀图片搜索引擎

Bing 图片搜索引擎能搜索到更加优秀的图片，并且可以对搜索结果进行多种筛选，如尺寸、颜色、授权等方面的筛选，它是比较理想的图片搜索引擎。Bing 图片搜索结果，如下图所示。

② Pixabay：免费好图网站

在 Pixabay 网站中，可以找到免费、高质量的好图素材。该网站中约有 1 040 000 张免费的图片、矢量文件和插画。且该网站支持中文和英文搜索，还可以对搜索结果进行图像类型、方向、类别、尺寸、颜色方面的筛选。Pixabay 网站的搜索结果如下图所示，图片质量明显高于普通的搜索引擎。

③ Pexels：免费图片网站，提供多种尺寸

Pexels 也是一个免费、高品质图片的下载网站，与 Pixabay 不同的是，该网站中同一张图片提供了不同的尺寸，可以自由选择尺寸进行下载。并且该网站上的图片每周都会定量更新，所有的图片都会显示详细的信息。在 Pexels 网站搜索图片时，建议使用英文搜索。Pexels 网站搜索结果，如下图所示。

④ 全景网：付费好图网站

全景网提供了多个领域的图片素材，质量较高，付费下载后可用于商业。全景网搜索结果，如下图所示。

5 图虫创意网：海量摄影图片

　　图虫创意网中有海量的高清摄影图，是摄影爱好者共同分享的图片。在图虫创意网中可以找到许多构图优秀、意境深刻的图片。该网站图片分为付费和免费，免费图片搜索结果，如下图所示。

6 多搜搜：综合图片搜索网站

　　多搜搜是一个综合的图片搜索网站，该网站中包含了多个图片搜索渠道，如下图所示。输入搜索关键词后，可以自动翻译为多种语言，并且显示多个网站的搜索结果，也可以单独选择一个网站进行搜索。

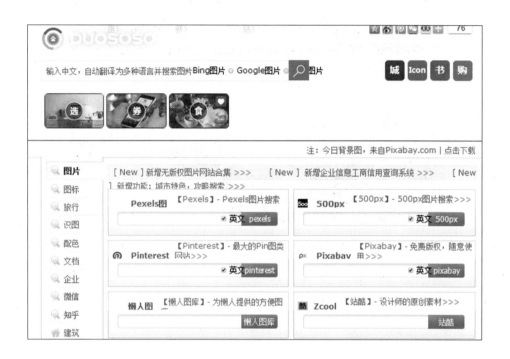

2.2.4 好图标"藏"在哪里

随着扁平风格的流行，越来越多的 PPT 开始使用图标类型的插图，简洁又美观，且趣味性十足。如下图所示，PPT 页面中仅用了文字、简单图形和 4 个小图标，一页言简意赅又不失美观的 PPT 便制作完成。找到合适的图标，是制作扁平风格 PPT 的关键所在。

1 easyicon

easyicon 是一个免费的图标素材网站，输入中文搜索关键词会自动转换成英文，十分方便。搜索到的图标可以按颜色、尺寸等方式进行筛选，如下图所示。选中目标图标后，可以以不同的尺寸和格式进行下载。

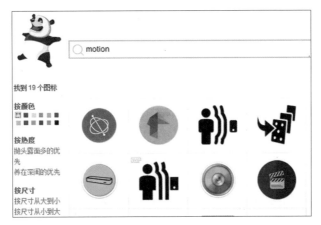

2 IcoMoop App

IcoMoop App 是一个无须注册就可以下载各类图标的网站，该网站中的图标可以调整好尺寸、颜色等参数后进行下载，十分方便于制作扁平风格 PPT。该网站是全英文网站，图标的下载步骤如下。

步骤 01　选中图标，单击【Generate SVG & More】按钮。进入 IcoMoop App 网站搜索关键词后，选中目标图标，此时图标底色变成白色，单击左下方的【Generate SVG & More】按钮，如下图所示。

步骤 02 设置下载参数下载图标。单击页面上方的【Preferences】按钮，进入偏好设置窗口，设置图标下载的参数。偏好设置窗口中，【Override size (pixels)】表示图标面积，在其后的数值框中输入尺寸大小，输入的数字为 2 的次方数，如 1024（2^{10}），数字越大，生成的 PNG 图片尺寸越大。【Color (hex)】表示图标的颜色，在其后的数值框中输入 HTML 颜色值，设置生成 PNG 图标的颜色，如输入"000000"表示黑色。【Add background color (hex)】表示图标的背景色，输入"ffffff"表示白色。全部设置完成后，单击该对话框外任意区域，退出设置状态，再单击页面的左下方【SVG，PNG Download】按钮即可下载，将图片下载至计算机中，即可将图标插入 PPT 中进行使用。

| | Size: 1024px | ⚙ Preferences | | | | | × |

Class Prefix | Class Postfix

icon-

☑ Use class selector (instead of attribute selector)

.icon

☐ Add number prefix (e.q.: 0001-home.svq)

☐ Minify JS code (for SVG <use> polyfill)

☑ Override size (pixels)   1024

☑ Add background color (hex)   ffffff

Color (hex)   000000

∨ Formats to Include

☐ PDF

☑ PNG

☐ Polymer

☐ XAML

☐ Photoshop Custom Shapes (CSH)

☐ Tiles (CSS sprite)

> Quick Usage and Sharing

Enable Quick Usage to upload SVGs f
feature, you can reference SVGs in v
selection on the fly, without having t

∨ SVGs: 1 svg defs size: less

Grid Size: 16

🏛 library

SVG, PNG
Download

在 IcoMoop App 中下载的图标文件包中有一个后缀名为 .svg 的矢量图文件，使用 CorelDRAW 软件或 Adobe Illustrator 即可打开该文件进行编辑，从而改变图标的颜色、大小，且保证图标清晰度不变。

 高手自测 6 ——— 需要做一款家居用品宣传的 PPT，如何找到富有感染力的配图？

扫描看答案

2.3 收集逻辑图，效率提高不是梦

在 PPT 页面中，不同的形状或简单的色块都可以说明信息之间的关系，这就是逻辑图。可以毫不夸张地说，逻辑图是 PPT 的半壁江山。如下图所示的幻灯片中只有寥寥数字，但是左边的图形却生动地传达出"个人因素""社会因素"等信息，这些信息是相互影响、彼此关联的。

如果事先收集了多种关系的逻辑图模板，那么在制作 PPT 时只需要将文字放到对应的逻辑图模板中，这样就可以提高 PPT 的制作效率。

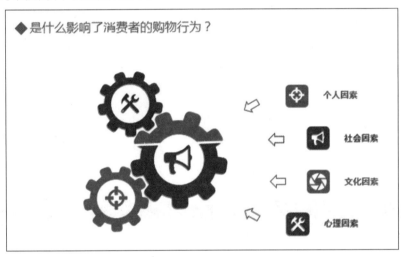

2.3.1 精美的逻辑图在哪里

逻辑图通常是由矢量图形构成的，并且经过了精准地排版设计。PowerPoint 并不是专业的设计软件，要想原创逻辑图，既费时又难以做出理想效果。在许多模板网站中，都对各种逻辑关系进行了总结，将逻辑图模板归类到"图表"类模板中，下面以两个比较典型的网站为例，其他网站的逻辑图搜索下载方法以此类推。

1　第1PPT

第 1PPT 中提供了大量表示各种逻辑关系的模板，如下图所示。在该网站中，切换到【PPT 图表】选项卡下，可以看到有关系图、层级关系、并列关系等不同关系分类的模板，下载保存即可。

2　优品 PPT

与第 1PPT 一样，优品 PPT 模板网站中也专门列出了不同逻辑图模板，如下图所示。

收集的逻辑图模板在使用时总觉得哪里不合适，如需要表现 4 种并列关系，模板却只能表现 3 种；模板颜色不符合需求；模板中的图形太大、太小……

逻辑图通常是矢量图，从零到一创作矢量图很难，从一到二修改矢量图却很简单。试试下面的方法。

1　改变数量

利用逻辑图模板制作 PPT 最常遇到的问题就是数量问题，逻辑图中每一个形状的组成都代表特定含义，当形状数量不符合要求时就需要进行修改。但是并不是所有的逻辑图都容易修改，通常情况下，逻辑图是一个整体，彼此之间形成平衡时，比较难修改。如下图所示，这种逻辑图要增加或减少一个形状，都会打破平衡，这类图建议放弃修改。

逻辑图的组成形状彼此间较为独立时，比较容易修改。如下图所示，要想将 4 个组成形状变成 5 个，只需要复制一个形状，再使用【排列】功能，即可实现数量上的修改。

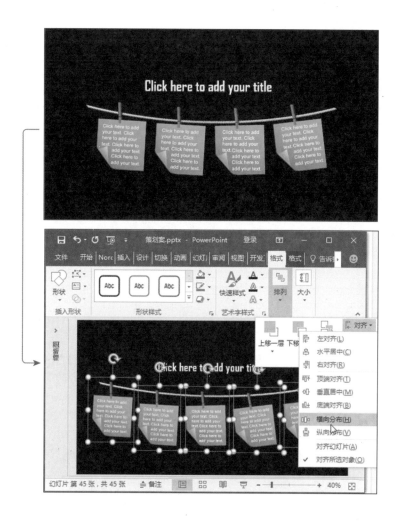

② 改变颜色

　　逻辑图的颜色修改主要分为两种情况，纯色修改和渐变色修改。在修改图形颜色前，应该打开图形的【设置形状格式】窗格，查看这种形状的颜色填充方式是什么。如果是纯色填充，那么很简单，只需要换成另一种填充色即可。如果是渐变填充，就需要观察填充方式和规律，否则逻辑图改变颜色后，效果可能大打折扣，使之不如模板中的那么丰富、立体。

　　如下图所示，查看图形的填充方式是渐变填充，填充规律是深浅色搭配，深色位置为"100%"，透明度为"0%"。那么换一种颜色填充时，应该也使用这种颜色的深浅色搭配填充，以保证图形效果。

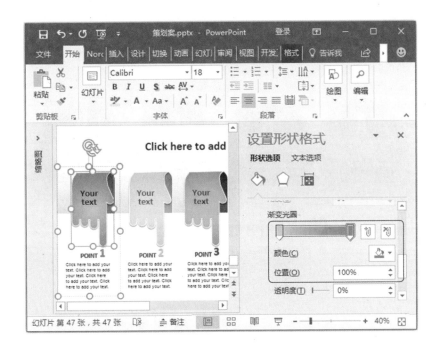

③ 改变大小

　　受到模板原尺寸等因素的影响，可能需要改变逻辑图的大小。此时应该选中逻辑图所有元素，执行【组合】命令，将逻辑图组合成一个整体后，再按住【Shift】键拖动逻辑图，保证等比例缩放，如下图所示。

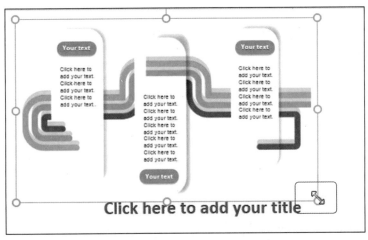

 **高手自测 7** 如下图所示是找到的并列关系逻辑图素材，可以添加 4 点并列关系，如何修改成表示 3 点关系的逻辑图？

扫描看答案

2.4 这么多素材，弄混了怎么办

在 PPT 这条路上越走越远，各类素材收集越来越多，找不到素材的情况时有发生。面对乱成一锅粥的文件夹，可能仅是找素材就会花费半个小时，PPT 设计的灵感就在寻找中消耗殆尽了。有意识地学习素材整理，将不同类型的素材用最恰当的方法归类，是成为 PPT 制作高手的必经之路。

2.4.1 再多也不乱的素材管理方法

素材整理不是简单地将同种类型的素材放到同一文件夹中这么简单。结合 PowerPoint 软件的特性，可将矢量图、图标、逻辑图类素材适合保存成 PowerPoint 文件，方便后期调用。

1 文件夹分类

图片、音频、视频、PPT 模板这 4 类素材适合保存在文件夹中。文件夹分类示例如下图所示。

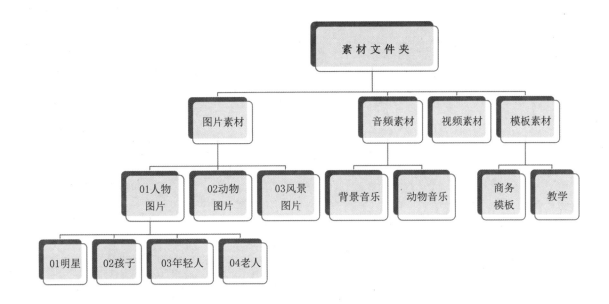

在文件夹中保存素材有以下 4 个核心要点。

①量体裁衣，根据每个人的设计需求不同，为文件夹分类。例如，教师会有更多的教学相关类素材，而公司策划专员会有更多与商务图片相关的素材。越是常用的素材，越应该详细分类，如行政人员常常用到各类工作汇报的图表，那么"图表"这个文件夹中肯定会包含很多的图表素材，在"图表"文件夹下面建立"柱形图""饼图"这样更详细的文件夹，可以保证常用素材有条不紊。

②文件夹分类要让任何一个新素材都能找到归属，换句话说，在建立素材文件夹前，要尽量全面考虑后期会收集到的素材。如果考虑不完全，可以预留一个空文件夹，收集新类型素材。

③文件夹数量在 3 个及 3 个以上时，可以编序号，让文件夹能按照优先级排序，方便素材浏览。在编号时，将最常用、最重要的素材靠前编号。

④文件夹中的素材命名要有统一的规范，并且越详细越好。例如，以"名称 - 大小 - 适用场合"的方式命名素材，那么图片名称可以是"苏格兰风景 -1600 长 900 宽 - 适用于 PPT 背景"。

② 利用 PPT 保存素材

逻辑图、矢量图和图标类素材可以使用 PPT 保存，方便在使用时直接调用。其原因是，这 3 类图在下载后，需要修改格式、调整颜色或其他细节，才能被 PPT 使用。如果每次调用素材时，都打开专门软件进行修改，费时又费力。在素材下载完成后，就完成所有修改，保存到 PPT，可以实现素材的快速调用。

（1）转换矢量图素材格式

矢量图素材下载时，常见的格式是 ai 和 cdr，这些格式都不能使用 PowerPoint 进行编辑。此时可以利用 Illustrator 软件进行矢量化处理，再复制粘贴到 PPT 中，其具体操作步骤如下。

步骤 01　在 Illustrator 软件中打开图片。如右图所示，在文件夹中双击打开下载好的 ai 格式或 cdr 格式的文件。注意，计算机要提前安装 Adobe Illustrator 软件。

步骤 02　将 Illustrator 软件中的图形拖动到 PowerPoint 软件中。在打开的素材文件中，选中需要转换成矢量图格式的图形，将图片拖动到 PowerPoint 软件中，如下图所示。

步骤 03　取消图片的组合。拖动到 PowerPoint 软件中的图片此时还不能编辑，需要取消组合才能进行编辑。如左下图所示，右击图片，在弹出的快捷菜单中选择【组合】→【取消组合】选项。此时会弹出右

下图所示的窗口，单击【是】按钮。

步骤 ❹ 编辑矢量图素材。完成转换的图片就可以在 PPT 中自由编
辑了，不仅可以删减图片的元素，还可以随意更改颜色，
如右图所示。

（2）利用 PowerPoint "节"功能保存素材

将素材保存在 PowerPoint 软件中，其原则是
同一类型的素材保存在一个 PowerPoint 文件中。
如右图所示的是将相同类型的素材做成了一个
PPT 文件。

在 PowerPoint 文件中，为了避免素材过多增
加素材搜索时间，可以将素材再进行分类，同种
类型的素材归到一个 "节"中。如左下图所示，
已经建立了一个名为【男人】的幻灯片 "节"。
右击第 3 张到第 4 张幻灯片的空隙，在弹出的
快捷菜单中选择【新增节】命令，增加一个名为

【女人】的素材"节"，效果如右下图所示。为素材建立"节"后，可以将不需要的素材折叠起来，减少不必要信息的干扰。

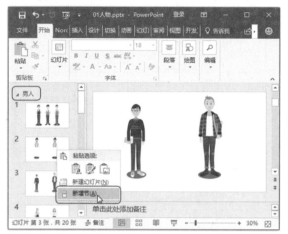 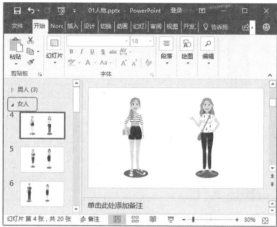

提高效率的素材调用方法

素材收集得再多，也要物尽其用才能显示其价值。不同类型的素材有不同的调用方法，在找不到素材时也可以利用一些搜索技巧，快速找到所需素材。

① 插入法

图片、音频、视频类素材均是通过【插入】选项卡下对应功能按钮实现的，如下图所示，单击相应的功能即可打开文件夹插入素材。

2　重用幻灯片

保存在 PowerPoint 文件中的素材可以利用【重用幻灯片】功能，直接调用，其具体操作步骤如下。

步骤 01　执行【重用幻灯片】命令。单击【新建幻灯片】按钮，从打开的下拉菜单中选择【重用幻灯片】选项，如下图所示。

步骤 02　打开素材文件。在【重用幻灯片】窗格中单击【浏览】按钮，在弹出的下拉菜单中选择【浏览文件】选项，如左下图所示，选择素材文件打开。

步骤 03　选择所需素材幻灯片。此时就在【重用幻灯片】窗格中打开素材 PPT 文件，浏览幻灯片，单击素材所在的幻灯片，如右下图所示。即可新建一页与素材一模一样的幻灯片，此时就可以使用素材了。

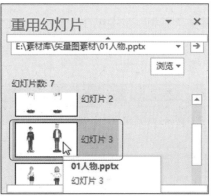

③ 素材搜索

在素材太多，确实找不到的情况下，可以利用文件夹搜索的方法快速找到素材。如下图所示，在素材可能存在的文件夹右上方的搜索框中，搜索文件可能包含的关键字，就可以搜索出相关文件。

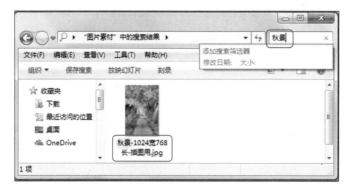

 高手自测 8 —— 制作幻灯片时，如何快速调用图标类素材？

扫描看答案

 高手神器 1

素材获取就用PPT美化大师

PPT 美化大师是一款安装在计算机客户端的软件，安装成功后，启动 PowerPoint 软件会看到【美化大师】选项卡，包括【更换背景】【魔法换装】【模板专区】【资源广场】等选项，均可以获取丰富的素材，如下图所示。

PPT 美化大师的【模板专区】，种类丰富，且方便搜索，如下图所示。

 高手神器 2

去除水印就用Inpaint

找到的图片素材有水印，又不会用 Photoshop 修图，可以使用 Inpaint 轻松去除水印。Inpaint 是一款强大且使用方便的图片去水印软件，只需选中水印区域，软件会自动计算、擦除，完成后的图片看起来完美无瑕，没有痕迹。具体操作步骤如下。

步骤 01 选择水印区域。安装 Inpaint 软件后，打开图片，使用【移除区】功能在水印上方画上红色的痕迹，如右图所示。

步骤 **02** 处理图像。单击界面上方的【处理图像】按钮，即可完成水印消除。

水印成功去除后，效果如下图所示。

 **高手神器 3**

图片放大不失真就用PhotoZoom

PhotoZoom 是一款图片处理工具，它可以对图片进行放大而不会失真、不会出现锯齿。因此，在寻找 PPT 图片素材时，如果找到的素材无法替换，又需要放大处理，便可使用 PhotoZoom 工具放大图片。

使用 PhotoZoom 工具的方法很简单，将图片添加到界面中，在【新尺寸】选项区域，单击【宽度】【高度】或【分辨率】向上的微调按钮，即可增加图片的尺寸。完成图片尺寸调整后，再重新保存图片即可，如下图所示。

高手神器 4

将图片转换成画作就用Ostagram

　　Ostagram 是一款图片处理软件，它可以将照片处理成不同画风的作品，如水彩画、漫画，且处理后的效果十分自然。Ostagram 有在线版、App 端、计算机客户端，下面以在线版为例，讲解如何使用 Ostagram。具体操作步骤如下。

步骤 ① 开始渲染一张图片。进入 Ostagram 网站中，单击【Process an image】按钮，表示开始渲染一张图片，如下图所示。

步骤 ② 添加图片。单击界面左边灰色的框，从计算机文件夹中选择一张图片，如左下图所示。

步骤 ③ 选择图片风格。在【Filter images】中选择一张符合需求的图片风格，作为滤镜图片，然后单击上方的【Process an image】按钮，开始进行图片渲染，如右下图所示。此时需要耐心等待几十分钟，图片就能完成渲染。

原图与被渲染成水彩画效果的图片如下图所示。

 高手神器 5

图片艺术化处理就用Pattaizer

Pattaizer 是一款强大的图片处理软件,它可以将常规的图片马赛克化,还能制作出很多其他的艺术效果,如玻璃碎片效果。Pattaizer 的具体操作步骤如下。

步骤 01 启动安装成功的 Pattaizer 软件,选择【File】(文件)菜单中的【New source picture】(新图片)选项,如左下图所示,从文件夹中添加一张图片。

步骤 02 选择艺术处理效果。打开效果菜单,选择一项艺术处理效果,如右下图所示。

步骤 03 查看图片处理效果。选择效果后，界面右边就会呈现出图片处理后的效果，如下图所示。如果对该
效果满意，就可以保存处理后的图片。

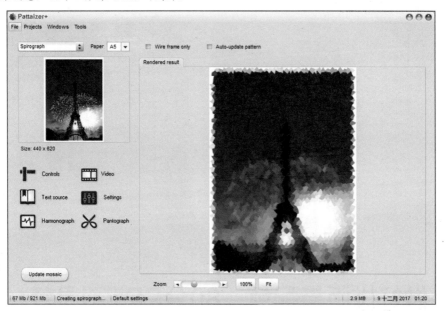

3

做好排版与配色，80分PPT不是梦

　　排版与配色是 PPT 特殊的语言，它能带给观众舒适的阅读体验，也能让观众不忍直视。排版与配色显得那么神秘，不像图片的插入、图表的编辑那样有章法可寻。然而设计出优秀的版式与配色，也并非难事，只需要一点兴趣，加上一点方法，再配上一些努力……

请带着下面的问题走进本章

1 好的版式是否有共同的特点？

2 对于新手来说，不懂太多的排版技能，是否能依靠几种经典的版式，活学活用，完成优秀排版？

3 什么是色彩？色彩的三大属性是什么？利用这些简单的色彩知识，如何做到科学配色？

4 PowerPoint 中主题色是什么？在过去的 PPT 制作生涯中，你使用过吗？

3.1 掌握规律，小白也能做到惊艳排版

三分内容，七分版式，排版的重要性不言而喻。然而优秀的版式设计并不是突然的灵感爆发，而是有意识地学习、模仿、实践得来的。学习排版规律，懂得如何引导观众视线，了解留白的艺术，知道不同类型页面的排版规律……排版水平的提升就是这么简单。

3.1.1 排版引导，让观众视线跟着走

苦苦思索排版大法，不如回到问题的本质——究竟想让观众的视线如何走？引导观众的视线，是排版的一大目的。通过指向性元素，让观众的视线跟着页面元素走，让观众对信息的关注与理解最大化。

1 视线基本规律：从左到右、从上到下

设计出具有引导性的排版页面，必须符合基本的视线规律，如果强行反其道而行之，最终只会降低页面的可读性。"从左到右"是人们阅读幻灯片的最基本的视线规律，也就是说观众看到幻灯片的第一眼，会习惯性地从左到右进行阅读。那么在通过排版进行视线引导时，可以安排信息从左到右排列，顺着观众的视线排版。

如下图所示，是 4 项内容的排版，有序号和箭头强调顺序，如此排版，可以引导观众从左到右观看。反之，如果从左到右的排版顺序是"4、3、2、1"，就会带给观众倒序的感觉，产生理解误差。

　　"从上到下"也是观众阅读幻灯片的一个视线规律,这就是很多图文排版的方式,是上图下文的原因所在——观众首先看到上方的图片,产生一个基本概念,然后将注意力放到下方的文字上,加强对信息的理解,如下图所示。

② 引导视线的方法:使用指向性元素

　　建立在基本视线规律的基础上,可以总结出引导视线的排版设计原则,思路如下图所示。如果页面内容有严格的阅读顺序,必须符合基本的视线规律。否则,便可以使用有指向意味的元素来引导观众的视线。

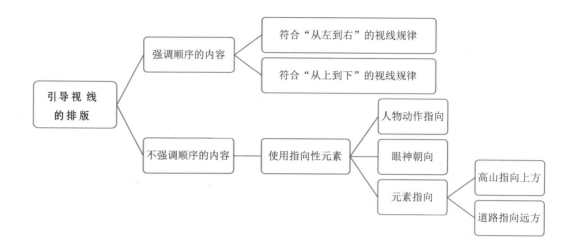

如下图所示，分别是人物眼神朝向引导和高山指向引导的 PPT 页面，页面中元素指向的中心均是页面上方。如此一来，观众在看到这样的画面时，视线会自然地聚焦到页面上方，从而寻找主题。

这便是视线引导的作用所在，让观众自然地找到重点，流畅阅读，并且让界面中所有的元素都围绕主题而服务，即使图片内容再绚丽也不至于喧宾夺主。

3.1.2　留白的艺术，让页面高大上

纵观如今的发布会，无论是苹果、谷歌还是小米，PPT 都遵循简洁质朴的风格。简洁风成为潮流风，谁的 PPT 内容太满太多谁就落后。那么简洁设计的根本是什么——就是留白的排版艺术。

留白的"白"不仅局限于白色，还指留出空间，让观众呼出一口气，在简洁的页面中阅读文字，抓住信息。如下图所示，页面右边留出足够多的空间，写上尽可能少的文字，达到言简意赅又不空旷的排版效果。

留白似乎天生散发着高雅、文艺、简约的气质，这样神秘的气质又要如何驾驭？可以采用下面的方法，将留白的艺术落实到排版中。

① 用对图片

到自己的图片收藏夹中，找一张有空白、有空间的图片，就成功了一半。此时只需要将文字进行提炼，放在图片的空白处，一张充满艺术感的留白排版新鲜出炉，效果如下图所示。

② 使用蒙版

有时找到的背景素材并没有留出足够的空间，这种情况下就可以在下方添加一个半透明的色块，即蒙版，来人为地制造出留白，让观众的视线聚焦于蒙版之上的文字。如下图所示，文字下方的蒙版较好地制造出了留白。

③ 留出面积

除了恰当地运用图片外，还可以刻意在 PPT 页面中留出一片面积来放置文字。将少量的文字放在大面积的区域上，可以让观众一目了然、轻松地阅读，感受到留白之美。常见的留白方法是将页面中的某个位置空出来，添加文字，效果简洁而醒目，如下图所示。

3.1.3　让观众过目难忘，就要有重点

通过 PPT 演讲，总期望能让观众记住点什么。然而人类的记忆特点，是对不同寻常的事物有异

常的敏感性。将这个记忆特点用到 PPT 制作中，实现重点内容的突出，让观众过目难忘。

强调 PPT 内容重点的核心原则是制造差异化视觉效果，具体的做法如下。

1 颜色对比法

改变强调内容的颜色是最常用的方法，因为人眼接收颜色信息的效率大于文字信息，改变颜色可以让观众在第一时间感受到差异。使用颜色对比强调重点内容，可以有两个方法，一是色相对比，即让重点内容的颜色与周围元素的颜色不同；二是使用饱和度／亮度对比，通过改变饱和度和亮度，让重点内容看起来颜色更"深"，如下图所示。

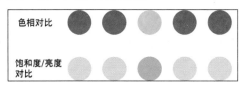

使用色相对比时，应选择对比效果强烈的颜色，具体选择方法可以参考左下图所示的色相环。在色相环上，两个颜色之间的角度越大，对比越明显，角度呈 180°时对比效果最明显，如橙色和紫色。

使用饱和度和亮度对比时，可以在 PPT 中打开元素填充的【颜色】对话框，选择【HSL】的颜色模式，如右下图所示。保持色调参数不变，调整饱和度和亮度值来改变元素的填充色。

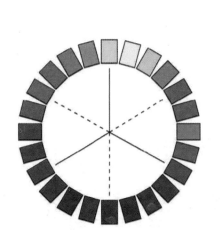

如下图所示，是通过颜色对比强调内容的幻灯片效果，在页面中，使用了两种对比强烈的颜色，让"客户"这项重点内容引起观众的视觉差异感受。

2 形状差异法

制造形状差异有两种方法，一是制造形状大小的差异，二是制造形状形态的差异，以此来突出重点信息的与众不同，如下图所示。

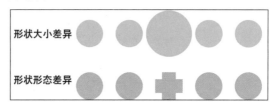

如下图所示，分别是改变形状大小和改变形状形态的强调效果，均能起到强调作用，突出传递重点信息。

③ 位置改变法

人眼视线特点是，总会优先注意到中心区域或靠前区域位置的事物。如左下图所示，幻灯片中心区域位置的元素会优先引起注意。如右下图所示，靠前区域的位置会优先引起注意。因此强调内容时，要将其放在中间区域或靠前区域位置。

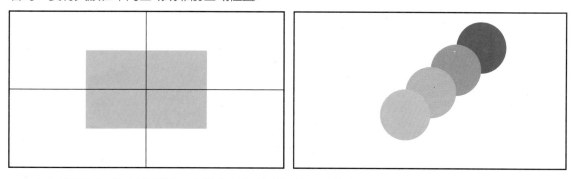

如下图所示，将要强调的元素放在幻灯片中间位置，能有效聚焦观众视线，实现强调效果。

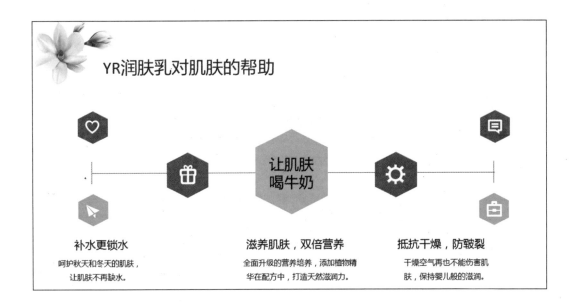

4 添加修饰法

　　为需要强调的元素添加一些修改性元素，如底色、装饰图形等，也可以实现强调作用。如下图所示，左边是需要强调的重点内容，不仅为文字添加了底色，还绘制了星形图形，实现双重强调的效果。

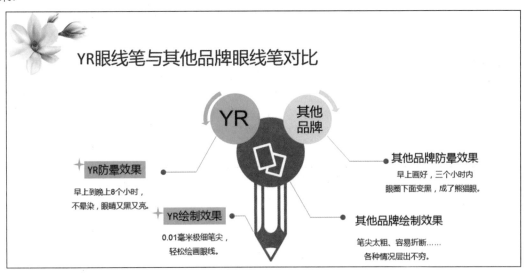

3.1.4 版面统一，让PPT更加和谐

在 PPT 中，如果说有什么"绝招"是既简单又最容易被忽视的，那就是排版的统一性。稍加注意，则能迅速提高 PPT 的格调，一旦忽视，则使 PPT 变成劣质品。

所谓的统一，指的是元素类型的运用、颜色、风格等保持一致。不统一的排版会有"东拼西凑"的感觉，显得十分拙劣。

1 元素类型统一

有很多人会犯这样的错误：在素材网站上看到 A 图片不错，又看到 B 图形设计得精美，于是都下载下来放在 PPT 中。需要强调的是，在 PPT 中"堆"内容时，要考虑这是不是一种类型的内容。这就是为什么优秀的模板中，内容元素总是保持高度统一的原因所在。

PPT 中类型不同的元素主要分为两种，思路如下图所示。

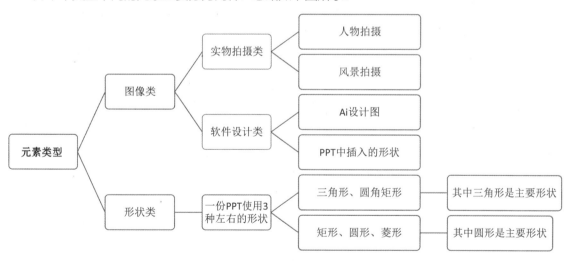

PPT 中常使用插图增强内容信息，插图类型影响了版面统一性。一份幻灯片，要么统一使用拍摄类图片，要么统一使用设计类图片。如下图所示，图片类型的不同，产生了完全不同的版面效果。

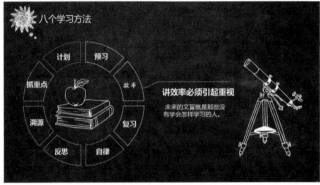

　　在 PPT 中使用形状时，为了不让版面看起来太过随意、混乱，可以事先规划好使用的形状。通常情况下，选择 3 种左右的形状互相配合即可，可以选择其中一种形状为主要形状。如下图所示，是同一份 PPT 中的两个页面，页面中均使用了同样的形状作为主要形状，这使版面保持了高度统一。

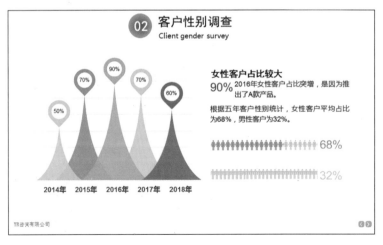

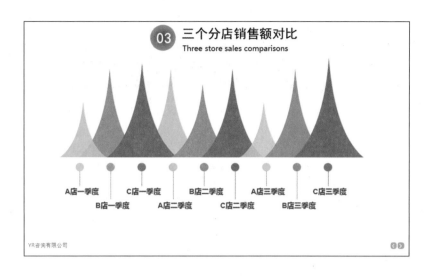

2 颜色统一

颜色统一指的是 PPT 页面中颜色的运用从头到尾要保持一致。通常情况下，保持一份 PPT 颜色统一的方式有两种，其思路如下图所示。至于颜色如何选择搭配将在后面的内容中详细讲解。

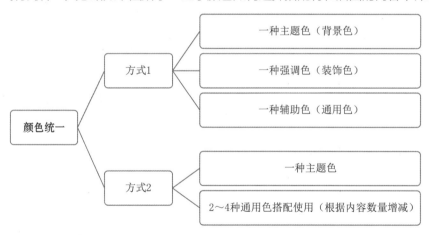

如下图所示，PPT 由一种主题色、一种强调色、一种辅助色构成。这份 PPT 中其他页面的配色也遵循这个规律。

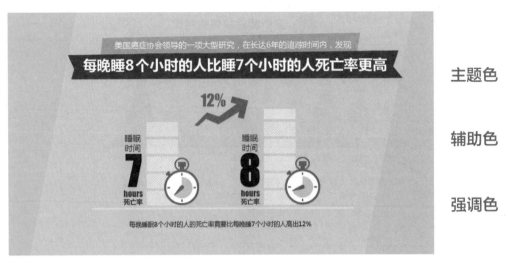

主题色

辅助色

强调色

如下图所示，PPT 页面由一种主题色，搭配上另外 4 种通用色。这 4 种通用色关系平等，并且随着内容项目数量的变化而变化，如果其他页面中只有 3 项内容，则只选用其中 3 种通用色与主题色搭配使用。这种配色方式是目前比较流行的一种方式。

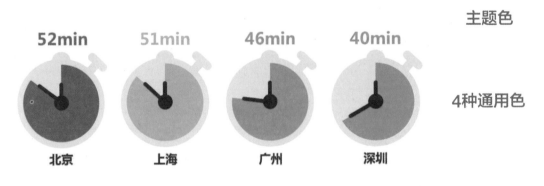

主题色

4种通用色

③ 风格统一

在排版时，要保证所有幻灯片页面的风格统一。这里的风格包括文字风格、立体效果风格及其他风格，其思路如下图所示。

其中的文字风格指的是字体、字号、颜色。在制作 PPT 前，可以事先设计好页面中的标题、内容及强调内容的文字风格。

　　立体效果风格是常被人们混淆忽视的一点。完全没有立体感的风格称为扁平风，除此之外，现在还流行微立体风，指的是稍微有立体感的风格。如果一份PPT中，有的页面是扁平风，有的页面是立体风，版面会十分怪异。

　　除了以上两点，不同的PPT会带给观众不同的感受，这种感受是由PPT的风格决定的，风格的不同决定了排版方式的不同。

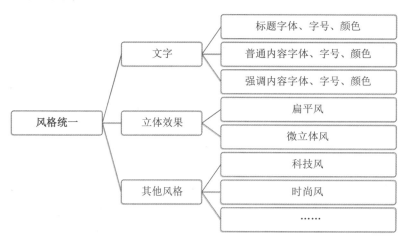

　　如下图所示，分别来自不同的PPT。通过观察两张图可以发现，虽然两张图都以花朵图案为插图，但是前者稍微带有立体感，而后者完全是平面化的。前者给人的感觉是清新风格，后者给人一种奢华复古的感觉。这两种不同的风格决定了版面中元素的排列、字体和色调的设计。

PPT 封面决定了观众是否有阅读的冲动。那么有没有一种最方便、效果最好的封面制作方法？答案是肯定的，观察优秀的 PPT，将那些震撼人心的封面找出来，其实就是以下几种。

1 屡试不爽的套路——全图型

要想让封面吸睛、又能凸显主题、又要制作简单，毫无疑问，要选择全图型封面。这种封面只有两个要求：找好的图片和合理地放上文字。至于好图片在哪里找，本书第二章已经讲过了。

全图型封面之所以吸引人，是因为一张好的图片能传达丰富的信息，达到"一切尽在不言中"的效果。如下图所示，背景与众不同又略带挣扎感的个性化人物图片，较好地强调了"找回自我"这个主题。

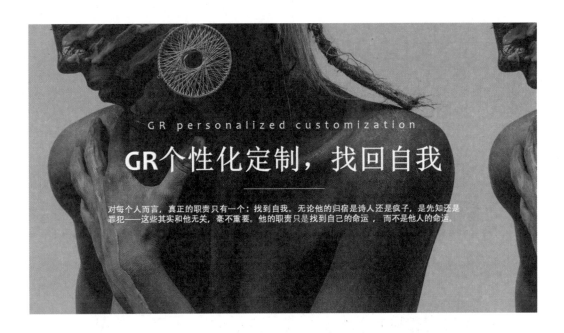

GR personalized customization

GR个性化定制，找回自我

对每个人而言，真正的职责只有一个：找到自我。无论他的归宿是诗人还是疯子，是先知还是罪犯——这些其实和他无关，毫不重要。他的职责只是找到自己的命运，而不是他人的命运。

　　全图型封面的制作虽然简单但是也需要注意一些事项，并且文字在页面中的设计方式也有多种，其思路如下图所示。

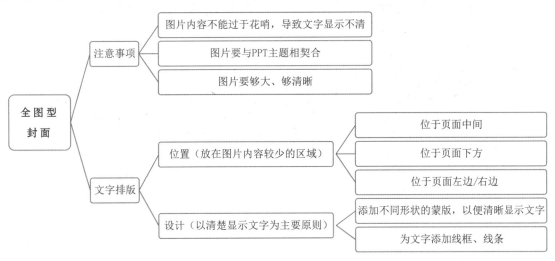

　　通常情况下建议将文字放在页面中间位置，这是视觉焦点区域。如果图片中间有内容，不适合放文字，再考虑将文字放在其他位置，同时可以增加遮罩。如下图所示，将文字放在右下方，图片内容较少的地方，遮罩保证了文字的清晰。

除了增加遮罩，在文字周围画上线框，也能起到聚焦作用，同时强调文字、增加文字清晰度，如下图所示。

② 简洁而不简单的套路——极简型

有一种 PPT 封面既没有炫目的图片，也没有设计复杂的图形，有的只是寥寥数字、几个中规中矩的色块、几根简单的线条，却能收获意想不到的简洁之美。这种类型的封面适合用在个人答辩、演讲类的场合。

这种封面的制作虽然看起来简单，却十分考验制作者的设计功能和审美基础，否则一不小心，简洁就变成了单调。这里建议参考以下典型的极简型封面，将这些封面收藏在自己的脑海中，在打开自己思路的同时做到随学随用。

（1）上下型

上下型封面是常见的一种排版方式，只需要在上方或下方添加矩形色块，然后在色块上和页面空白处输入文字即可。需要注意的是，文字的颜色要与色块颜色区别较大，从而保证文字清晰显示，如深蓝色色块与白色文字、红色色块与白色文字。上下型封面的示例，如下图所示。

（2）中间型

这种封面的规律是，将色块及线条添加在界面四周，从而突出一个中间的空白区域，将 PPT 的主题放在中间区域。如下图所示，是中间型封面。

极简型封面的魅力就在于简单却变化丰富，如下图所示，同样是中间型封面，效果却与上面的例子完全不同。但是万变不离其宗，其原则同样是用简单的元素包围中间位置，在中间输入主题文字。

（3）左右型

这种类型的封面是将色块或线条元素放在界面的左边或右边，另一边则输入主题文字。为了避免页面单调，这种类型的封面通常会使用类似于三角形的色块，三角形的尖角能起到视线引导作用，同时显得活泼，如下图所示。

③　经典又耐看的套路——半图型

在设计 PPT 封面时，如果找不到灵感，可以试试经典又耐看的排版方法——半图型。设计理念很简单，将一张与 PPT 主题相关的高质量图片放到页面中，再进行裁剪，覆盖住页面上方部分。页面下方的空白处则可以添加文字。一页简单又不失格调的封面就完成了。典型的半图型排版方式，如下图所示。

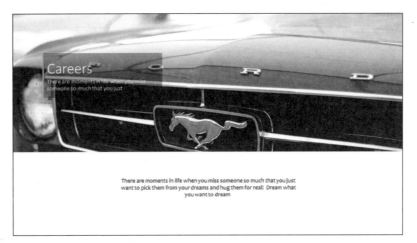

如果觉得半图型太单调、太普通，可以在经典半图型的基础上稍加变化，制作出更有张力的封面。例如，将图片裁剪成其他形状，文字内容放在图片上方会使页面显得更有韵味，效果如下图所示。

目录：高手都在用的样式

目录页的作用在于展示 PPT 内容的大框架，帮助观众厘清逻辑。好的目录设计应该满足两个条件：清晰有序的目录文字，与幻灯片内容页面相搭配的设计风格。高手常用的 PPT 目录有以下 4 种。

1 左右结构

　　左右结构顾名思义，就是将目录二字或图片等装饰性内容放在页面左边，目录内容放在右边。这种顺序符合观众从左到右的视线规律，最终将视线落在居于页面右边的目录文字上。当然，在特殊设计情况下，也可以考虑将文字放在左边。典型的左右型目录结构，如下图所示。如果目录项目数较多，可以考虑让目录项目之间倾斜对齐。

2 上下结构

　　上下结构的目录，就是将目录二字或图片等装饰性内容放在页面上边，目录内容放在页面下边。页面下边的目录可以呈"一"字排开，如下图所示。如果是偶数项目的目录，也可以两两对齐。

③ 中间型

　　幻灯片页面中间是视线聚焦点，将目录文字放在页面中间，也是一种强调目录内容的好方法。这种排版方法效果如下图所示，只需要找到一张合适的背景图片，或者将色块等修饰性元素放在界面四周，再将目录放在页面中间即可。如果想要实现更简洁的效果，页面四周可以什么都没有，仅将目录文字放在中间，只要将文字的字体设计得醒目、美观，效果同样很好。

④ 拼图型

　　拼图型目录会显得更有科技感、有互联网产品的风格，效果如下图所示。

这种类型的目录排版有多种方式：可以通过绘制多个一样大小的矩形，再使用【排列】工具将形状对齐，挑选其中几个矩形输入文字即可；还可以通过插入表格来快速得到排列整齐的矩形，将表格单元格的【底纹】填充色设置为【无填充】就可以隐藏该单元格；还可以通过插入 SmartArt 图形快速规范排列的形状，如下图所示，是排列整齐的六边形。

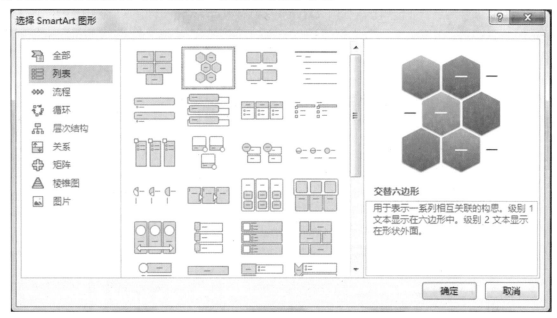

要想设计出高大上的内容页排版，方法和思路有很多。因为内容页是 PPT 的重要内容，主题和逻辑不同，排版形式就多种多样。但是在众多形式的内容页中，图文型是最常见也是最常用的类型。下面就介绍图文内容页的通用排版方法。

① 单张图

只有一张图片时，如果图片够清晰，可以采用全屏型排版方式。这种排版方式多用于发布会、演讲等场合。全屏型的排版中，文字应放在图片内容较少的地方，可以添加遮罩图形，增加文字清晰度。如下图所示，是3种常见的全屏型图文排版方式。

全屏型图文排版通常文字较少，效果如下图所示。

当图片不够大，或者是文字较多时，图片不适合放大到全屏。此时可以将图片放在左边、右边、上边、下边、中间进行排版，如下图所示。根据现在流行的16：9的幻灯片页面比例，放在左右两边的图片应该是长图型，如果图片的宽度较大，则适合放在上下位置。

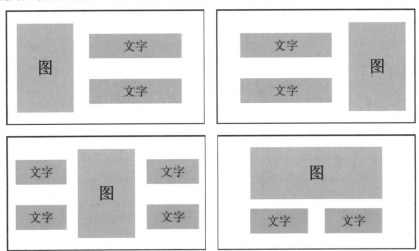

如下图所示，分别是图片在左边和上边的图文排版效果。

② 奇数图片

对称是一种美，也是 PPT 排版的一大原则。所以奇数张图片最重要的排版方式是让其对齐。奇数张图片无法做到两两对齐，但是可以使所有图片在水平或垂直方向对齐，排版如下图所示。

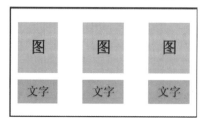

根据幻灯片的比例，奇数张图片数量较少时可以选择垂直对齐，数量较多时建议选择横向对齐。当数量为三张时，两种对齐方式均可。如下图所示，是3张图片横向对齐的排版方式。

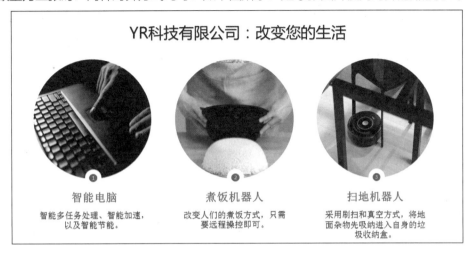

　　保证图片的对齐，包括左右、上下对齐，以及图片的间距分布相等，除了使用前面章节讲到过的【横向分布】【纵向分布】来保证图片间距相等外，还可以在对齐图片时观察参考线。如下图所示，图片之间的箭头表示此时图片间的距离是均等的。

③ 偶数图片

　　适用于奇数张图片的排版方式也适用于偶数张图片，除此之外，偶数张图片还可以使用如下图所示的4种排版方式，这4种排版方式同样要注意图文的上下左右对齐及间距是否均等分布。

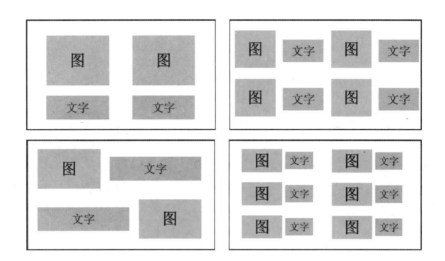

如下图所示,是两张图片的排版案例。

4 不规则排版

如果要追求更有设计感、更个性化的排版方式,或者是图片数量超过 6 张时,可以使用不规则排版。这种排版方式十分灵活，变化多端，但是其核心原则同样是对齐，可以是水平方向对齐、垂直方向对齐、沿着一条斜线对齐等。下面是 4 种不规则排版示意图。

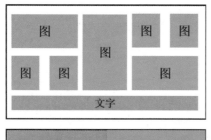 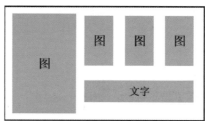

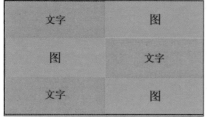 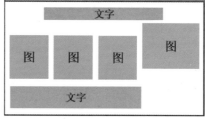

不规则排版方式中，所有图片的大小不一定相等，但是整体版面要符合对齐原则，效果如下图所示。

3.1.8 文字排版的诀窍

"文不如表，表不如图"是 PPT 制作的一个原则，但是又有哪份 PPT 能做到一个字都没有？文字排版，很多人用错了方向，把重心放在字体的艺术美化。实际上，文字排版的核心是——让读者以最轻松的方式读懂文字。基于此，优秀文字排版的原则是字迹清晰、平衡分布、保持对齐。

1 字迹清晰

要想做到字迹清晰，道理很简单，文字不要太小、颜色与背景形成反差、不选择花哨影响阅读的字体。然而这 3 个简单的道理却常常被人忽视。

（1）文字大小

文字大小没有标准值，这需要根据 PPT 播放的具体场景而定，以观众能看清页面上的文字为基本原则。需要注意的是，不能为了让观众看清文字而一味加大字号，从而影响页面美感。建议作者在制作幻灯片时，尽量地放大文字，当放大到某一个值时，文字开始变得太大而产生"莽撞"感，此时再稍微缩小一下文字即可。

（2）文字颜色

文字颜色在前面的内容中有所涉及，最大的忌讳就是文字颜色与背景色太过接近。例如，在浅蓝色背景上输入深蓝色文字，这会造成观众的阅读困难。

（3）字体可读性

字体可读性是最容易被忽视的一个点，正确做法是为文字选择的字体首先是可读性高的，如黑体、微软雅黑，不要标新立异地选择辨识度低的手写体（除非内容需要）；不要无缘无故为文字设置倾斜、阴影等影响阅读的效果。

2 平衡分布

让文字在页面中的排版平衡分布，不仅要让文字与页面其他内容形成平衡，还包括间距的调整，其核心思路如下图所示。

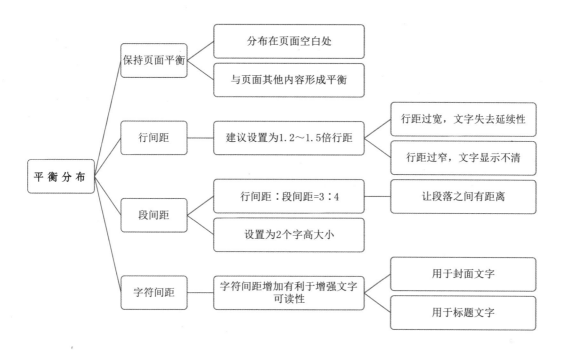

行间距：文字行与行之间的距离，默认情况下，PowerPoint 中输入的文字行间距是 1 倍行距，这个行距让文字看起来有点局促，建议适当增加行距。调整行距可以选中文字后，单击【段落】组中的【行距】按钮 ，从弹出的下拉菜单中选择合适的行间距即可，如下图所示。

段间距：段落与段落之间的距离，这个距离应该比行距稍大一些，以区分出段落。设置段落间距，需要单击【段落】组中的对话框启动器按钮 ，在打开的【段落】对话框中的【间距】选项区域中进行设置。需要注意的是，段落距离等于段前间距 + 段后间距，如果需要设置间距为 12 磅，那么仅设置段前间距为 12 磅即可，如下图所示。

字符间距：文字与文字之间的距离。通常情况下，不需要刻意设置字符间距，但是在封面和标题文字中，为了不让文字"挤"在一起，可以适当增加字符间距，让文字散开，方便阅读。设置字符间距需要单击【字体】组中的对话框启动器按钮，打开【字体】对话框，切换到【字符间距】选项卡，为间距选择【加宽】选项，然后在【度量值】文本框中设置参数，默认为"1"磅，可以设置为"2"磅、"3"磅……最后审视文字的具体显示效果，单击【确定】按钮即可，如下图所示。

③ 保持对齐

PowerPoint 中对齐方式有 4 种，左对齐、右对齐、居中对齐、两端对齐。通常情况下建议文字较少时选择居中对齐，文字较多时选择两端对齐，效果如下图所示。其原因是，较少的文字更注重平衡感，居中对齐能让文字左右两边平衡。根据常规阅读习惯，文字较多时要保持左右两边对齐，形成一个文字方块。

文字较少 选择居中对齐	文字较多 选择两端对齐
↓	↓
目标关键词 利润、扩张、增员、拓展	个人计算机不需要共享其他计算机的处理。从台式机、笔记本电脑到上网本和平板电脑以及超级本等都属于个人计算机的范畴。

如下图所示，是大段文字左对齐、右对齐和居中对齐的效果，均不是理想的对齐效果。

左对齐效果 文字右边会略微 不整齐	右对齐效果 文字左边不整齐	居中对齐 文字左、右两边 会略微不整齐
个人计算机不需要共享其他计算机的处理。从台式机、笔记本电脑到上网本和平板电脑以及超级本等都属于个人计算机的范畴。	个人计算机不需要共享其他计算机的处理。从台式机、笔记本电脑到上网本和平板电脑以及超级本等都属于个人计算机的范畴。	个人计算机不需要共享其他计算机的处理。从台式机、笔记本电脑到上网本和平板电脑以及超级本等都属于个人计算机的范畴。

 高手自测 9 ┤ 以下 PPT 页面的排版有什么问题？应当如何修改？

扫描看答案

3.2　这样配色，再也不用担心 PPT "颜值"

配色，似乎是一种很神秘的能力。有的人追求热情奔放，有的人追求平淡质朴。然而光靠感觉是不能搭配出"好看"的色彩的，一切还要从基础做起，了解色彩知识，使用有限的知识避开搭配雷区，做到 80 分配色。再学会模仿和利用，将主题色、大师配色融入自己的 PPT 中，实现 90 分配色。

3.2.1　用最基础的知识做最精彩的配色

色相、明度、饱和度的概念是做好配色的必备知识，打开 PowerPoint 的颜色对话框，选择 HSL 颜色模式，即可轻松调节颜色的这 3 个参数值。下面将结合案例介绍如何将这些基本的知识具体运用到 PPT 设计中。

1　色相（H）

按照色彩理论上的解释，色相是色彩所呈现出来的本质面貌。通俗来讲，不同色相就是指不同的颜色，如蓝色和红色是两个色相。

将不同的色相放在一起，组成色相环，根据色相环中颜色之间的角度来判断这两种颜色的对比程度。如下图所示，箭头所指的两种颜色之间的角度约为 30°，这是比较小的角度，因此这两种颜色是色相相近、对比不强烈的。

在设计 PPT 时，记住一个口诀：要想页面颜色和谐、融洽，选择角度小的、隔得近的颜色，要想突出对比、强调内容，选择角度大、隔得远的颜色，颜色数量不超过 4 种。运用这个理念，制作一页和谐的 PPT，效果如下图所示，背景色、色块颜色、文字色均是相隔角度在 45°之间的相近颜色。

2 明度（L）

明度是色彩在明亮程度这个维度上的强弱情况。每一种纯色都有与其相应的明度，如黄色明度最高，蓝紫色明度最低，红、绿色为中间明度。色彩的明度变化往往会影响到纯度，如红色加入黑色以后明度会降低，同时纯度也会降低；如果红色加入白色则明度会提高，纯度却会降低，如下图所示。

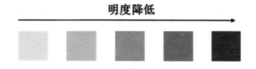

新手在做 PPT 时很少注意明度问题，实际上在为 PPT 选择配色方案时，如果配色中包含了多种颜色，应尽量确保颜色的明度一致，否则会使整个 PPT 看起来有些混乱。如下图所示，是相同色相不同明度的颜色展示，在同一水平线上，颜色的明度相同，使用明度相同的颜色搭配，会呈现出和谐感。

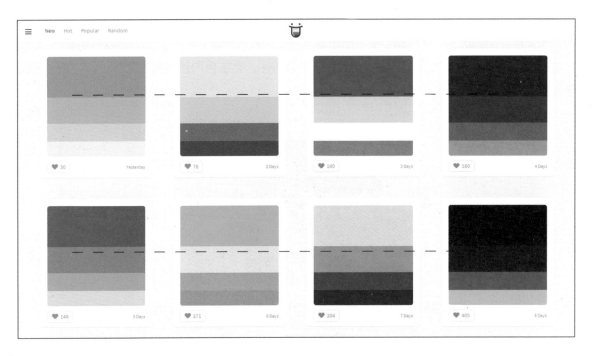

在这种情况下可以选择不同明度的配色：同一色相，不同明度，形成单色系配色方案。这种配色方法可以体现出色彩的层次感，并且呈现简洁美。

如下图所示，就是同一种色相，不同明度的配色效果。

③ 饱和度（S）

饱和度是指色彩的鲜艳程度。高度饱和的，如鲜红色、鲜绿色。混杂上白色、灰色或其他色调的颜色，是不饱和的颜色，如绛紫色、粉红色、黄褐色等，如下图所示。

饱和度降低

　　根据明度和饱和度的知识，可以发现饱和度越高，颜色就越明显、艳丽，但是饱和度太高又会有些刺眼，如鲜绿色。因此饱和度居于较高水平，又没有达到极值时，最能引起人们的注意力。基于这样的知识，可以找到 PPT 配色的一个规律：在不刺眼的前提下使用饱和度较高的颜色，可以增加画面的质感，让观众集中注意力。

　　如下图所示的第一张图，这页 PPT 的颜色搭配并没有大问题，但是颜色看起来有气无力，太平淡了，不能引起人们的注意力，这是因为选择饱和度低的颜色所致。增加颜色的饱和度，如下图所示的第二张图，整个页面效果顿时得到了提高。

PowerPoint 的主题配色常常被忽略，然而主题配色却有两大用处：不懂配色的小白可以直接选择系统预设的配色使用，实现较好的配色效果；通过设置主题配色，可以方便后期修改整份 PPT 的配色。

1 选择配色 / 新建配色

主题配色在【设计】选项卡下，单击【变体】下拉按钮，从弹出的下拉列表中选择【颜色】选项，可以看到系统已经预设好的 12 种配色，这些配色都是经过合理搭配的，可以放心使用，如下图所示。

选择其中一种配色，效果如下图所示，其中【着色 1】到【着色 6】是图表、表格色彩的配色顺序。如果不满意主题的配色，可以自己更改配色的颜色，然后为修改过的配色输入一个自定义的名称，最后保存即可。

② 使用配色

完成配色选择或自定义配色后，在幻灯片页面中插入文字、艺术字、公式、形状、图表、SmartArt 图形、表格等都将自动配好颜色。如下图所示，是选择配色方案后，主题颜色和主题样式的颜色变化。

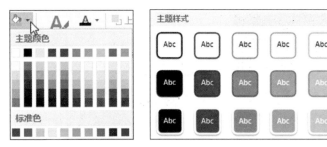

完成 PPT 制作后，如果想要更改配色，可以重新选择主题颜色或新建配色方案，效果如下图所示，更改配色方案后，页面元素配色也立刻发生了改变。

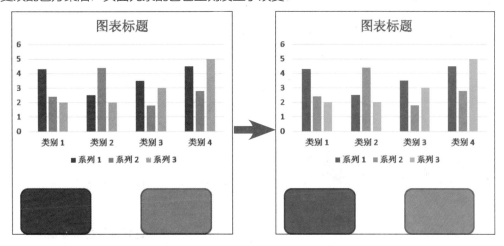

3.2.3 把大师的配色运用到自己的PPT中

主题配色确实好用，那么如何万无一失地自己新建主题配色，且保证配色的效果不"辣眼睛"

呢？最简单的方法就是模仿，使用不同渠道提供的"大师"级别的配色。

1 Color Hunt：专业的配色方案

　　Color Hunt 是一个提供专业配色方案的网站，选择网站中的某种配色时，就会显示出该颜色具体的参数值，如下图所示。

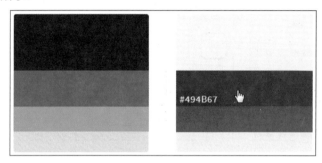

2 Color Blender：在线配色器

　　Color Blender 是一个在线配色网站，网站中提供的是现成的颜色搭配，可以根据实际需求，设置一种主色，网站再根据这种主题搭配出其他颜色。如左下图所示，拖动下方的 RGB 参数值，完成主题设置，上方就会自动搭配出配色方案。有了配色方案后，就可以利用 PowerPoint 中的【取色器】工具快速完成内容元素的配色了，如右下图所示。

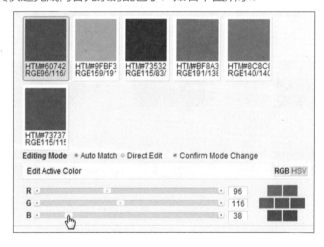
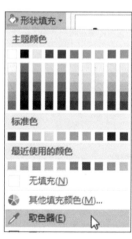

3　使用优秀作品的配色

在花瓣网、昵图网能找到许多配色优秀的图片，在各类 PPT 模板网站中也能找到配色优秀的模板。无论是图片还是模板都可以截图放到 PPT 中，再使用【吸管工具】直接使用这些优秀作品中的配色，如下图所示。

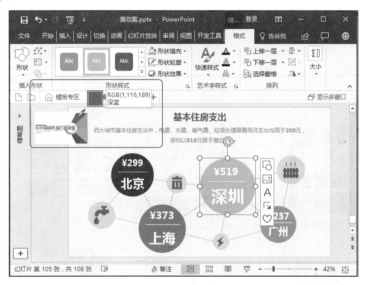

 高手自测 10 ———— 下面这页 PPT 的配色是否有问题？如果有，应该如何修改？

扫描看答案

 高手神器 6

CollageIt Pro快速搞定图片排版

CollageIt Pro 是一款可以轻松将很多图片拼接在一起的工具。可以制作出 PPT 中整齐拼接并且尺寸不同的拼图。参数设置也十分灵活，模板也有多种选择，并能自由调整模板，能在很大程度上满足 PPT 图片排版的需求。

使用 CollageIt Pro 的方法十分简单，只需要安装该软件，然后选择一种形式的拼图模板，如下图所示。

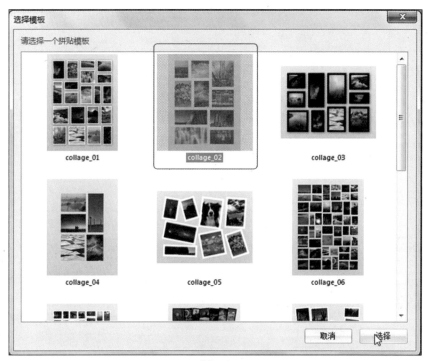

选择好模板后，再添加照片，并在【布局】窗格中调整照片数量及间距等参数，最后单击【输出】按钮，就能将拼图以图片的形式输出，如下图所示。输出后的图片可以以插入的形式添加到 PPT 页面中。

4

一学就会，内容出神入化的技法

武侠的世界中，登峰造极的高手不需要厉害的兵器，草木皆可为剑。PPT 中，高手同样不会刻意追求眼花缭乱的元素，他们只是将朴素的文字、普通的图片、简单的图形用到极致。这是 PPT 设计的真理，领悟内容元素的本质，站在高山之巅，以俯视的角度、全局的眼光，将 PPT 最重要、最普通的元素妥善运用，做到出神入化。

请带着下面的问题走进本章

1 文字是否只能设计字体、大小、颜色？是否有更多的设计思路？

2 将 PPT 中的文字转变成图形，其作用是什么？

3 PPT 中是否一定要有足够多、足够炫目的图片，才能吸引观众的目光？

4 如果找到的素材图片太小，又需要在 PPT 中放大显示，如何对图片进行放大处理？

5 观察复杂的图形，是否可以由简单的图形，如矩形、圆形……经过组合、调节等操作完成绘制？

4.1 文字，它的表达力超乎想象

有的人认为文字只是平淡无奇的方块，PPT 高手却认为文字是可塑性极高的璞玉。只要将一个个的方块字打磨雕琢，再少的文字也能表达无尽的话语，再多的文字也不会显得拥挤累赘。

4.1.1 文字太多，如何删

PPT 不是 Word，不要将幻灯片当成 Word 页面放上大段的文字，这是制作 PPT 的大忌。永远记住这么一个理念：放在 PPT 中的文字是精华，如果将所有内容都放在页面中，还需要演讲者做什么。

如果放到幻灯片页面中的内容太多，如何删减才能保证不会"误伤"重要信息，才能给观众留下深刻的印象？文字的删减要从目的出发，将文字的提取当成广告文案细细推敲，提取出内容的关键信息，留下最能说明主题的文字。

① 发布会

如果制作 PPT 是为了在发布会上播放演讲，那么演讲者想说的话一定要保留，不能完全输入 PPT 中。否则观众在看到了页面文字内容后，就会失去对演讲的兴趣。总体来说，发布会上播放的 PPT 信息要精简，能给观众留下悬念。文字内容可以是演讲者演讲内容的关键词提炼，也可以是问句，不断地引起观众的兴趣。

例如，一个关于人工智能产品发布会的 PPT，当演讲者讲到人工智能的概念时，可以提取的关键词就是"人工智能"，但是仅在页面中放上"人工智能"4 个字又显得平淡无奇。这场发布会的目的在于引起观众对人工智能产品的兴趣，那么将信息内容与观众联系起来，同时又制造悬念，可以将文字修改为"人工智能如何改变你的生活？"，其思考过程如下图所示。

人工智能是计算机科学的一个分支，它企图了解智能的实质，并生产出一种新的能以人类智能相似的方式做出反应的智能机器，该领域的研究包括机器人、语言识别、图像识别、自然语言处理和专家系统等。人工智能从诞生以来，理论和技术日益成熟，应用领域也不断扩大，可以设想，未来人工智能带来的科技产品，将会是人类智慧的"容器"。

人工智能 ⇨ 人工智能如何改变你的生活？

根据以上思考，这页 PPT 的文字精简后，效果如下图所示，此时演讲者就可以开始口述人工智能的概念了。

② 教学课件

教学课件的目的是传播教学信息，因此需要将知识点条理清晰、内容齐全地列在 PPT 中，此时文字就等于知识点的大纲框架，提醒观众当前在讲的知识点是什么，帮助观众梳理逻辑。

课件类 PPT 中，知识点数量较多，但是谨遵一个原则：一页 PPT 只讲一个知识点，不要贪多。基于此，页面中所有的文字都应该围绕一个核心。

例如，一份讲解着装礼仪的 PPT，当讲到领带打法时，如果讲解的目的是要详细介绍常用的领带打法，可以一个页面放一种打法的文字信息。文字信息只需要说明打法的名称和简要介绍。至于具体的操作方式、典故、知识延伸，应该由授课老师口述讲解，如下图所示。

③ 宣传推广

宣传推广的 PPT，目的在于让观众对产品产生兴趣，需要用产品亮点、真实数据、观众痛点来直击观众内心。精简这类 PPT 的文字，可以围绕的问题核心是"观众最想知道什么""产品能给观众带来什么"等。

如下图所示，是一段马术俱乐部的招生信息，在这段信息中，该俱乐部有多少个班是观众不太关心的信息，这类信息应该删除。事实上，在这段信息中，招生对象、费用及课时数量是最需要传达给观众的信息，也是观众最需要的信息，基于这样的数据信息观众可以考虑是否要报名。

YR马术俱乐部专注马术教学10年。目前有成人班、青少年班、儿童班。现在有个最重要的通知，儿童暑期班即日起开始报名，招收7~15岁儿童。只需要缴纳1288元即可享受一对一服务，一共上满10天30课时。在这10天里，您的孩子将成为一名小小的马术手，驰骋马场，增加勇气的同时又强身健体。

1.儿童暑期班开始报名，对象是7~15岁儿童。
2.费用及课时数量。

文字精简后的 PPT 效果如下图所示，可以将数据类信息加粗强调显示。

YR马术俱乐部

7~15岁儿童的暑期班开始报名

1288元享受一对一服务，10天30课时

4 工作汇报

工作汇报类 PPT，其目的就是让观众快速了解工作的进展、成果。这类 PPT 在精简信息时，方法是"结论先行"，再根据版面的大小决定是否保留导致结论的相关因素、相关数据。换句话说，工作汇报型 PPT 要保留的信息是齐全的工作数据、明确的工作总结。如下图所示，左边的红色是提取出的重点信息，由这些重点信息可以提取出结论和相关因素。

今年为了增加客户数量，采取了一系列的措施。首先是鼓励员工互助，让老员工一对一带新员工，学习客户维护技能；其次是实行业绩签约制，部门负责人与公司总经理签约，部门成员与部门负责人签约，完成签约任务量，年终奖翻一倍；最后是培训网店客服技能，网络端的占比越来越大，网店客服的业务能力直接与客户数量挂钩。先后聘请了清华、阿里巴巴多位客服高管进行授课。最后实现了10%的客户数量增长。

1. 实现10%的客户数量增长。

2. 因为采取了3个措施。

用同样的方法，可以对年度工作的其他内容进行精简。完成内容删减后，发现版面有空间可以排列导致结果的因素，因此制作出的 PPT 页面效果如下图所示。

文字太多不能删，只需3步就搞定

PPT 的文字太多，删减一些可以减少页面拥挤感。但是如果每个文字都是重点的，都不能删除呢？大段的文字，要保证可读性和美观性，十分考验设计者的功力。其实搞定文字很简单，只要整理清楚文字逻辑、提取出重点、进行修饰，再多文字也不是问题。

1 整理文字逻辑

文字的逻辑常见的有 3 类，可以按照如下图所示的思路进行整理，其中按类别进行整理是最常见的一种。

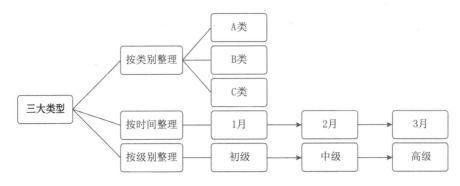

具体的整理方法是，对大段的文字内容进行分段，然后增加段落间的间距，将段落内容彼此区分开来。如下图所示，这段文字是按照业绩的类别进行整理的，根据业绩的不同，可将其分为 3 个部分。

2018年业绩展示

2018年取得了优秀的业绩，包括人员配置、项目管理及项目实施三大方面。首先，项目部成功配备足够的技术管理人员，由一名经验丰富、坚毅干练的带头人负责，下面有102人进行大量繁杂、细致的技术工作及零碎、烦琐的事，如画图纸、测量、试验、收集资料及深化设计等。其次，实现圆满的项目管理，包括管理目标、管理模式、组织架构、项目经理授权、总进度计划、现场管理人员流量、分包方案、物资采购方案、施工机械及监测设备配置方案、办公设备配置计划、现场临建方案、临水临电方案、总平面布置计划，共13个方面。最后，完成7个项目建设，具体包括综合管廊、环湖绿道复兴至一棵树段、北部新区给水工程、5万吨粮油加工仓储物流、北城大道三期、迎宾大道改扩建工程、民德广场停车场，这些项目均按照年度工作计划进度完成。

2018年业绩展示

2018年取得了优秀的业绩，包括人员配置、项目管理及项目实施三大方面。

首先，项目部成功配备足够的技术管理人员，由一名经验丰富、坚毅干练的带头人负责，下面有102人进行大量繁杂、细致的技术工作及零碎、烦琐的事，如画图纸、测量、试验、收集资料及深化设计等。

其次，实现圆满的项目管理，包括管理目标、管理模式、组织架构、项目经理授权、总进度计划、现场管理人员流量、分包方案、物资采购方案、施工机械及监测设备配置方案、办公设备配置计划、现场临建方案、临水临电方案、总平面布置计划，共13个方面。

最后，完成7个项目建设，具体包括综合管廊、环湖绿道复兴至一棵树段、北部新区给水工程、5万吨粮油加工仓储物流、北城大道三期、迎宾大道改扩建工程、民德广场停车场，这些项目均按照年度工作计划进度完成。

② 提取关键词

文字内容进行逻辑整理后，就需要提取不同内容的关键词，拟定标题。需要提取的关键词通常有两类：一是标题性关键词，起到概括总结作用；二是需要强调的信息，如数字、项目名称。

如下图所示，是完成关键词提取后的结果。在此例中，既有标题关键词也有强调关键词，可根据后面的版式设计来决定强调关键词是否需要单独展示。

2018年业绩展示

完成人员配置（102名人员）：项目部成功配备足够的技术管理人员，由一名经验丰富、坚毅干练的带头人负责，下面有102人进行大量繁杂、细致的技术工作及零碎、烦琐的事，如画图纸、测量、试验、收集资料及深化设计等。

圆满管理项目（13项管理）：实现圆满的项目管理，包括管理目标、管理模式、组织架构、项目经理授权、总进度计划、现场管理人员流量、分包方案、物资采购方案、施工机械及监测设备配置方案、办公设备配置计划、现场临建方案、临水临电方案、总平面布置计划，共13个方面。

按计划完成项目实施（7个项目）：完成7个项目建设，具体包括综合管廊、环湖绿道复兴至一棵树段、北部新区给水工程、5万吨粮油加工仓储物流、北城大道三期、迎宾大道改扩建工程、民德广场停车场，这些项目均按照年度工作计划进度完成。

3 修饰文字

如何将整理好的大段文字变成美观的 PPT？只需要符合两个原则，一是对关键词进行强调，二是排版整齐，思路如下图所示。其中文字排版可以回顾本书第 2 章的内容，下面重点讲解如何强调关键词。

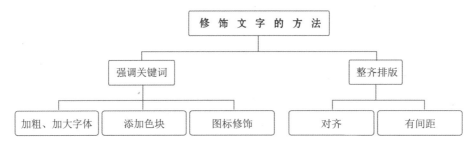

（1）加粗字体

针对大段的文字，即使是简单地加粗、加大关键词字体，也可以让观众快速找到重点。将标题加粗、加大，再根据段落数量设计不同的对齐方式即可。如下图所示，因为有 4 个段落，所以设计为左右两两对齐，即使文字很多，观众也可以快速明白这页幻灯片所表达的文字内容。

（2）添加色块

强调标题文字，还可以为文字添加色块。色块可以起到视觉聚焦的作用，同时突出主题，效果如下图所示。

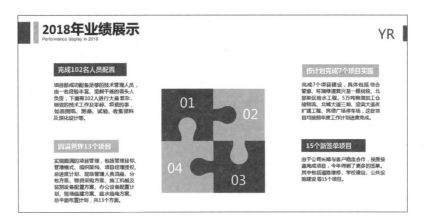

（3）图标修饰

如果想丰富界面内容，且高度强调关键词，可以使用图标修饰。因为图标有很强的设计感，使用符合关键词内容的图标，可以使内容形象化。如下图所示，在只有 3 个段落的前提下，使用了图标＋色块的方式单独强调关键词，并且加粗了标题，使得大段文字内容的重点信息得到较好的突出，让观众即使不阅读段落文字，也能抓住信息的核心。如果段落有 4 段，为了使页面不那么拥挤，可以使用左右两两对齐，为标题添加图标即可。

4.1.3 用最少的字体发挥最强的效果

从网络中下载了许多字体，安装好后却不知道怎么用，或者是随心所欲地用，这是 PPT 制作者常犯的错误。不少初学者甚至认为字体越多越好，一页 PPT 中包含 4 种以上的字体。其实，只要用得好，1~2 种字体即可。

1 字体的基本知识

在真正学习运用字体前，首先来认识一下字体的基本知识，PPT 字体的运用只有在"常识"这个大框架下，才能准确无误。

（1）衬线体和无衬线体

字体分为衬线体和无衬线体。衬线体指的是在笔画开始和结束的地方有修饰的字体，衬线体的特点是笔画的粗细不一致，如 Times New Roman、Georgia、宋体等都是衬线体。无衬线体则没有过多的修饰，而且笔画粗细保持一致，如 Verdana、Arial、黑体等都是无衬线体。

如下图所示，是衬线体与无衬线体的区别。

衬线体　　无衬线体

　　修饰　　　　　　无修饰

在制作 PPT 时，建议选择无衬线体。因为无衬线字体粗细一致，显得简洁干净。在投影时，无衬线体由于没有过细的笔锋，会显示更加清晰，方便远距离观众的观看。

如下图所示的两页 PPT，第一页使用了衬线体，这让文字辨认有些困难。修改成第二页的无衬线体后，文字清晰明朗多了。

（2）字体显示问题

为 PPT 中的文字选择某些字体后，文字变成空白或是不能正常显示。这并不是计算机出了问题，而是有的字体只设计了特定的文字能显示，当输入的文字不是该字体库中存在的字体时，就会显示不正常。所以在选择字体时，应该选择那些能保证文字清晰显示的字体，而不是为了标新立异，选择不常用的字体。

除了上述情况外，PPT 文件还可能因为换了计算机，而这台计算机中没有安装相应字体而使字体不能正常显示。这种情况下可以有 3 种解决方法，一是将字体嵌入文件中，二是将字体转换成图片放到幻灯片页面中，三是将 PPT 保存为 PDF 文件。第三种方法只需要在保存时选择文件类型即可，下面介绍另外两种方法。

打开【PowerPoint 选项】对话框，切换到【保存】选项卡下，选中【将字体嵌入文件】复选框及下方的第一个单选按钮即可将文件中所使用的字体嵌入文件中，如右图所示。

如果想在制作 PPT 时，将字体转换成图片，可以通过以下操作步骤来实现。

步骤 01 选择设置好的字体，按【Ctrl+C】组合键进行复制。

步骤 02 选择【粘贴】→【选择性粘贴】选项，打开左下图所示的对话框，选择【图片（PNG）】选项，最后单击【确定】按钮关闭对话框。

步骤 03 此时字体就会以图片的方式进行复制粘贴，删除原来的文字型字体，保留图片字体即可，效果如右下图所示。

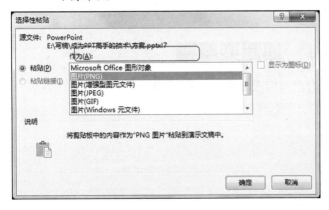

（3）斜体与粗体

记住两个原则：不要使用中文斜体字，字体加粗后不能显得模糊。

首先拿斜体字来说，有的人为了突出中文字体的与众不同，会使用斜体，其实这是错误的。斜体字的起源是手写体，是用于西文字体的。而随着计算机的普及，中文国家的计算机也可以设置文字的倾斜。但是汉字倾斜只是单纯地将正方形文字改为平行四边形的"假倾斜体"，事实上中文倾斜不仅没有特定的含义，而且让文字变得难以辨认。

其次来谈粗体字，计算机会简单粗暴地通过拉扯文字使其倾斜，同样也会简单粗暴地让文字加粗。但是不同字体的比例和粗细也不同，如果只是公式般地进行加粗处理，有的字体就会变得模糊。如果某类字体加粗后，变得模糊，说明该字体不适合加粗，此时的正确做法是换种字体再加粗。

在 PPT 中使用斜体和粗体的原则，其总结如下图所示。

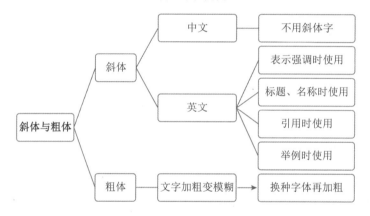

不恰当的加粗会让字体模糊，中文倾斜会破坏字体原有的结构和美感。具体的效果如下图所示。其中需要说明的是，文字加粗变模糊指的是字体的某些结构"糊"在一起，如"模"字不恰当加粗后，左边的"木"字旁下面的笔画已经"黏"在一起了，而更改字体再加粗后，则没有这种现象。

中文不倾斜　**加粗变模糊**
English Italic **加粗不变模糊**

2　字体的气质

在设计 PPT 时，为了突出主题，增强表现效果，或者是具有艺术性，需要选择与主题、文字内容气质相符合的字体。下面来看几个典型的例子。

（1）硬朗、刚劲气质——黑体、微软雅黑

诸如黑体、微软雅黑这类简洁的无衬线字体，具有硬朗、刚劲的气质。通常用于标题字体，或者是科技公司的 PPT 中。这种气质的字体透露着理性与执着，能升华代表力量、希望、决心的主题。

如下图所示，是科技公司的一页 PPT，文字使用了微软雅黑字体，简洁有力，文字内容与字体气质相得益彰。

（2）浪漫、文艺气质——幼圆、汉仪

为了衬托具有浪漫色彩的主题，在不影响阅读的前提下，可以选择衬线体，因为衬线体的艺术性更高。这类字体的笔画往往不是横平竖直的，但是它们别具一格的设计能烘托氛围。如下图所示，使用了汉仪类字体，文字与主题十分搭配。但是如果文字换成黑体字，将失去梦幻色彩。

（3）古典、飘逸气质——毛笔字体

毛笔类字体具有古典、飘逸气质，适合用在水墨风格的 PPT 中，常用来突出表现有古风类主题内容。如下图所示为 PPT 选择毛笔字体，文字与内容互相配合。

③ 经典字体搭配

一份完整的 PPT 往往是由 3 种以内的字体互相搭配的，字体搭配与色彩搭配一样，恰当的搭配能使页面发挥出最佳效果。

为了提高 PPT 的制作效率，可以预先设置好字体搭配。其方法是在 PowerPoint 2016 工作界面中【设计】选项卡下【变体】组中的【字体】下拉菜单中，选择【自定义字体】选项，打开如下图所示的【新建主题字体】对话框。在该对话框中，设置好这份 PPT 中文和英文标题及正文字体，避免在制作过程中，反复调整字体。

下面总结一些常用的且效果较佳的搭配方式。

（1）微软雅黑（加粗）+ 微软雅黑（常规）——商务 PPT

微软雅黑是系统自带且美观、简洁的字体，这种字体是无衬线字体，文字显示清晰，又不像宋体那样太过普通。微软雅黑字体的粗细搭配可以用在商务型 PPT 中，呈现出简洁、大气的美感。对于新手来说，在不具备良好审美的前提下，使用这种字体搭配也是保险的做法。如下图所示，中文标题和正文都是微软雅黑字体，保持了高度统一性。

（2）方正正中黑简体 + 方正正黑简体——政务 PPT

方正正中黑简体和方正正黑简体这两种字体搭配效果能让 PPT 界面清晰、严整、明确，非常适合政府、事业单位公务汇报等较为严肃场合下的 PPT，效果如下图所示。

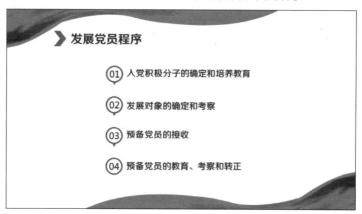

（3）汉仪综艺体简 + 微软雅黑——学术 PPT

汉仪综艺体简和微软雅黑字体搭配，既不失严谨又不会显得太刻板，适合用在学术报告、论文、教学课件等类型的 PPT 中。如下图所示是学术报告 PPT，标题和正文分别使用了汉仪综艺体简和微软雅黑字体。

（4）方正正黑简体 +Arial——时尚 PPT

在 PPT 中添加英文能有效提升时尚感，在这种情况下，中文使用方正正黑简体，英文使用 Windows 系统自带的 Arial 字体，可以使 PPT 页面时尚、大方。如下图所示，是这两种字体搭配使用的效果，英文使用 Arial 字体后，会变得圆润，而方正正黑简体的中文则显得有棱角，两者搭配呈现出艺术感。

4.1.4　让思想飞，3招玩转文字填充

文字除了改变字体、大小、颜色外，还能有更多变化吗？答案是肯定的，虽然 PPT 字体有些呆板，但是只要发散自己的思维，就能使用 PowerPoint 中简单的操作变幻出无限的可能。

1 颜色填充

很多人觉得文字颜色就是给文字换个颜色，却没有想过文字的颜色填充也可以玩出新花样。例如，将一个文字填充为不同的颜色，可以有更丰富的象征意义，可以代表"彩色""梦幻"等内涵。如下图所示，是文字的彩色填充效果，与幻灯片主题相得益彰。

如上图所示的彩色填充，需要将文字变成图形，进行裁剪后，再分别为文字的上半部分和下半部分填充上不同的颜色，具体操作步骤如下。

步骤 01 输入文字，绘制波形。在 PPT 中插入文本框，输入文字，文字的字体要选择较粗的字体，然后绘制一个波形，如左下图所示。调整文本框和波形的位置，如右下图所示。

步骤 02 裁剪文字。按住【Ctrl】键的同时选中文字和波形，再按【Ctrl+D】组合键，复制文字及波形。按照顺序依次选中文本框和波形，选择【绘图工具 - 格式】→【合并形状】→【相交】选项，如左下图所示。按照同样的方法，依次选中复制的文本框和波形，执行【剪除】命令，如右下图所示。

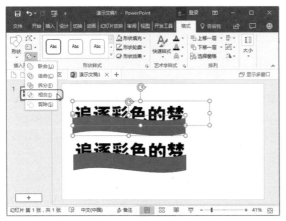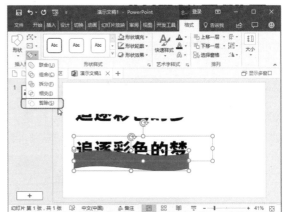

步骤 03 组合文字。将裁剪过后的文字上半部分和下半部分组合，如下图所示。

追逐彩色的梦

步骤 04 为文字填充不同的颜色。分别选中文字的上、下部分，在【绘图工具 - 格式】选项卡下的【形状填充】中为文字填充颜色，即可完成彩色字的制作，如下图所示。

② 图片填充

图片的效果是丰富的，如果将图片填充在文字中，文字将获得图片的丰富效果。如下图所示，为了表达丰富多彩的泰国之旅的主题，将"泰国之旅"这4个标题字填充上了图片，文字的效果顿时得到了提升。

设置文字的图片填充效果，方法是选中文字后，选择【文本填充】→【图片】选项，如左下图所示，然后再选择事先保存好的素材图片即可。需要注意的是，图片的选择与填充效果关系密切，如本例中，需要表达的是"丰富多彩"这个概念，而泰国又有植被多的特点，所以使用一张颜色丰富的森林图片作为素材，才能衬托出主题，如右下图所示。

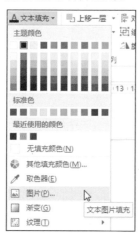

③ 渐变填充

设置文字的渐变填充，可以获得发光、有层次感、变化的效果，可以用来体现新科技产品的出现、希望的光芒等概念。如下图所示，是科技公司的新品发布 PPT，页面中的文字使用了渐变填充的效果，文字顿时充满了闪光的感觉，暗示着这是一款给生活带来新希望的产品，寓意很好。

　　设置文字的渐变填充，最重要的就是设置【渐变光圈】的参数。渐变光圈的颜色不能随意选择，要根据页面的效果选择与之搭配的颜色，如本例中，文字的渐变色其实是从背景中获取的。文字的【渐变光圈】设置，如下图所示。

PPT 虽然不是 Photoshop，却不代表做不出海报效果的文字特效。运用 PowerPoint 的文字效果功能，增强文字效果很简单。然而，特效用得好是亮点，用得不好就成了败笔。只有结合具体的主题、页面元素设置特效，才能起到画龙点睛的效果。

PowerPoint 中一共有 6 种文字效果，常用的有 5 种。【三维旋转】效果不常用的原因是文字旋转后不好辨认。为文字选择不同效果的方法如左下图所示，选中文本框后，在【绘图工具 - 格式】选项卡中的【文本效果】菜单中进行选择。选择了具体的效果后，还可以打开如右下图所示的【设置形状格式】窗格，在【文本选项】选项卡中的【文字效果】窗格中，调整具体的效果参数即可。

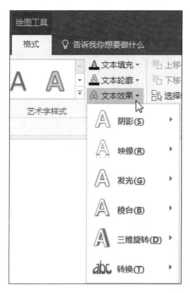

1　阴影效果

为文字添加阴影效果，可以让文字有一种朦胧的感觉，适用于水墨风格的 PPT 中。需要注意的是，文字设置了阴影效果后，可能会变得模糊，不利于识别，这种情况最好取消设置阴影效果。如下图所示的 PPT 中的文字设置了阴影效果，与水墨画较好地映衬，让文字不会显得突兀、刻板。

② 映像效果

　　文字的映像效果会让文字呈现出水面倒影的效果，可以增强文字的立体感。映像效果通常用在与天空、水面这种会产生倒影的相关图片中。如下图所示，图片中水天相接，文字又设置了映像效果，页面中的立体感顿时得到了提升，且文字的映像传达出坚定的意境，与主题相符。

③ 发光效果

　　发光文字的光芒效果会营造出梦幻的感觉，通常用在与"光""梦""夜景"相关的主题中。需要注意的是，文字的发光颜色要与背景相符合，否则会显得突兀。如下图所示，页面中的标题文字设置了发光效果，且选择了与背景颜色一致的紫色光，起到了烘托气氛、强调主题的效果。

4 棱台效果

　　设置文字的棱台效果可以让文字具有立体感，在【设置形状格式】窗格下的【三维格式】选项中，可以调整棱台的厚度、颜色、材料等参数。棱台效果适用于立体、微立体风格的 PPT 中，否则单独设置文字的立体效果，会让文字与背景元素无法融洽展示。如下图所示的 PPT 是微立体风格，为文字设置【松散嵌入】的棱台效果，且将材料设置为【金属】，让文字发出金属光泽与背景更好地相融。

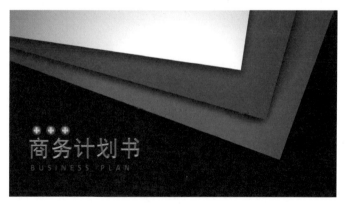

5 转换效果

　　文字的转换效果可以将传统的文字排列方式变成更活泼有趣的排列方式。为文字设置转换效果的 PPT 通常是与艺术、儿童、活动相关的主题。如下图所示，文字设置了【下弯弧】转换效果后，提升了活力，更符合主题。

 高手自测 11 ——• 要做一份产品宣传 PPT，可以如何设计文字？

扫描看答案

4.2 图片——破解单调乏味的利器

图片是 PPT 的"利器"，平淡的内容配上一张好的图片，视觉效果和内容深度都能瞬间提高。要想让图片在 PPT 中发挥最大作用，除了找到合适的图片外，还要学会处理图片，让图片与内容达到形神合一、完美配合。

4.2.1 如何处理素材图片

插入 PPT 中的图片，需要进行初步处理，让图片符合实际需求，处理方法具体包括以下 3 个方面。

1 背景处理

图片的背景处理是最基本的处理方法，因为很多素材图片无法较好地融入 PPT 的背景中，删除图片的背景，可以增加图片的融合度。如下图所示，页面左边的图片正是因为删除了背景，才能如此融洽地放在绿色色块上。

删除 PPT 图片背景的方法是，单击【图片工具-格式】选项卡下的【删除背景】按钮，选择【背景消除】选项，进入如下图所示的界面中，利用【标记要保留的区域】记号笔在要保留的区域中进行标记，利用【标记要删除的区域】记号笔在不需要保留的背景区域进行标记，完成标记后，要删除的背景区域呈紫红色，此时单击【保留更改】按钮即可完成背景删除。

PowerPoint 的背景删除功能适合用在背景颜色与图片物体颜色反差较大，且背景颜色单一的情况，复杂的背景删除则最好使用 Photoshop 等专业设计软件来完成。

② 大小处理

图片的大小处理有两种方法，一种是手动调整大小，另一种是参数调整大小。原则有两个：一是不要改变图片的长宽比，二是大小调整后要保证图片清晰可见。

手动调整图片大小时，选中图片后，图片四周将出现 8 个点，这些点便是图片大小的控制点。按住鼠标左键拖动这些控制点就可以随意改变图片的大小。不改变图片比例的缩放方法是，按住【Shift】键的同时拖动图片 4 个对角的点。

参数调整图片大小时，可以右击图片，在弹出的快捷菜单中选择【大小和位置】选项，然后在如下图所示的【大小】选项区域中进行参数设置，注意选中【锁定纵横比】和【相对于图片原始尺寸】复选框。

③ 方向调整

在找图片素材时会遇到这样的情况，图片内容符合需要，但是内容的朝向不对，此时只需要调整图片的方向即可。除了调整图片内容的朝向外，图片的方向调整还可以改变图片的旋转方向，让图片呈现更灵活的排版方式。

调整图片的旋转，可以在【设置图片格式】窗格中设置旋转参数，也可以按住鼠标左键拖动图片上方的旋转控制点@进行调整。

调整图片的朝向意义重大，如左下图所示，页面右边的图片人物朝向向右，而页面的文字在左边，如此一来，PPT 的两部分内容出现矛盾，与视线引导原则相悖。此时只需要将图片进行水平旋转，即可调整朝向，效果如右下图所示。

图片水平旋转

4.2.2 将图片裁剪得更有神韵

图片裁剪的作用通常有 3 个：一是将图片不重要的部分剪除，留下主体，达到突出重点的作用；二是改变图片的大小，以符合排版需要，如将多张图片大小裁剪得一模一样，实现整齐排版的效果；三是将图片裁剪成其他形状，提升页面视觉效果。

1 裁剪图片大小

常规的图片裁剪方法是，单击【图片工具 - 格式】选项卡中的【裁剪】按钮，此时图片就进入了裁剪状态，图片的 4 条边及 4 个角都出现了裁剪图片的控制点。将鼠标指针置于控制点上，按住鼠标拖动控制点即可裁剪图片，如左下图所示。

将多张图片大小裁剪得一样，技巧是：首先在【图片工具 - 格式】选项卡中的【大小】组中设置图片的高度或宽度一样，然后再裁剪图片。如右下图所示，首先设置两张图片的宽度为 11.82 厘米，这样图片就只剩下高度不同，再将两张图片底端对齐，裁剪左边图片的上方，按住鼠标左键拖动裁剪控制点时，当左边图片高度与右边图片高度一致时，会出现一条红色虚线，此时就说明两张图片的高度保持一致了，松开鼠标，退出裁剪状态即可。

2 裁剪图片形状

选中图片，在【裁剪】下拉菜单中选择【裁剪为形状】选项可以将图片裁剪成不同的形状，实现更艺术的排版。如下图所示，是将图片裁剪成其他形状的效果。

找到的……　　　　　　　　……点韵味，不够大气、不够梦幻、色调不对……别急着否定图片，只需要利用……　　　　　　　　……对图片"施点魔法"，艺术效果就出来了。

在……　　　　　　　　……式】选项卡下【颜色】下拉菜单中的选项改变图片的饱和……

改变图片……　　　　　　　　……达到和谐效果。如下图所示，4 张图的原图色调是不统一……　　　　　　　　……的颜色类型，降低了页面的混乱感。

人生就像一场旅行，……　　　　　　　　……去旅行！

改变图片的颜色还可以通过将图片的饱和度降为 0，制作出黑白照片，营造出高级感、历史感。如下面所示的两张图，将图片饱和度降为 0 后，不仅与页面色块颜色相搭配，还与主题的"历史韵味"相搭配。

② 设置艺术效果

　　PowerPoint 虽然不是专业的修图软件，但是在【图片工具 - 格式】选项卡下的【艺术效果】下拉菜单中，提供了一些功能设置，让图片经过简单处理就可以呈现出风格迥异的艺术效果，如水彩画效果、虚化效果。如左下图所示，是艺术效果功能，选中图片后，再选择其中一项效果即可将该效果运用到图片上。

　　图片的艺术效果不能滥用，将图片进行艺术处理需要有实际的意义。例如，使用【虚化】的艺术效果，可以弱化背景图片，而突出主题文字，实现聚焦作用，如右下图所示。

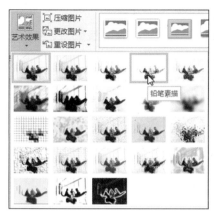

③ 设置映像、发光等效果

利用 PowerPoint 中的【图片效果】功能，可以为图片设置阴影、映像、发光等效果。如下图所示，每种效果都有多种系统预置效果，如果觉得不满意，还可以在【设置图片格式】窗格调整每种效果的参数。值得注意的是，图片的效果和艺术字的效果一样，用得好就是点睛之笔，用得不好就是画蛇添足。

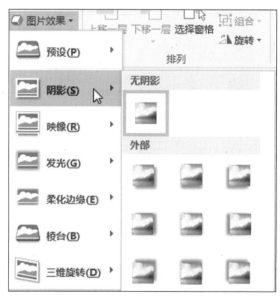

图片的阴影设置可以让图片具有立体感，通常情况下不需要设置图片的阴影效果。在微立体、

立体风格的 PPT 中可以考虑添加阴影效果。

　　此外，映像效果和柔化边缘效果是常用的两种效果。映像效果可以增加图片的气势、呈现出倒影的立体感。边缘柔化效果可以降低图片与页面元素的违和度。这两种效果也可以结合起来使用。如下面所示的两张图，前者使用了柔化边缘 + 映像效果，后者使用了柔化边缘效果。

④ 技能升级，做出素描效果

　　合理运用 PowerPoint 中提供的图片操作功能，将多种功能结合使用并灵活设置参数，还可以制作出效果更丰富的图片。下面以素描图片的制作为例，介绍如何做出更复杂的图片效果。如下图所示，是将图片处理成素描图片的效果。

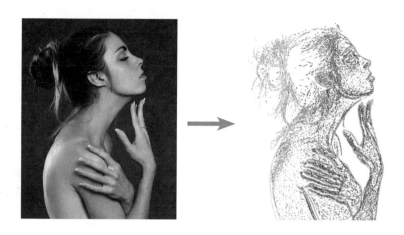

步骤 **01**　调整图片清晰度和对比度。将图片插入 PPT 中，在【设置图片格式】窗格的【图片更正】选项区域中，将【清晰度】和【对比度】参数都调整为 "100%"，如左下图所示。

步骤 **02**　调整图片颜色。选中图片，单击【图片工具 - 格式】选项卡下的【颜色】按钮，设置图片颜色为 "黑白：75%"，如右下图所示。

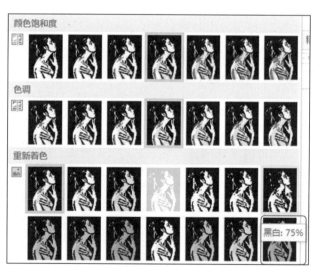

步骤 **03**　设置图片发光边缘。在【图片工具 - 格式】选项卡下的【艺术效果】下拉列表中，选择【发光边缘】艺术效果，如下图（左）所示。

步骤 **04**　设置透明色。单击【颜色】下拉按钮，在弹出的下拉列表中选择【设置透明色】选项，如下图（中）

所示。此时鼠标指针变成笔形状，在图片中黑色的背景上单击，表示将背景色设置透明色，达到消除背景的效果，如下图（右）所示。

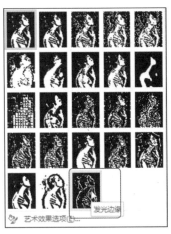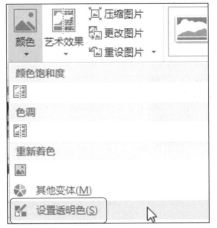

步骤 05　调整图片亮度。在【设置图片格式】窗格中，增加图片的【亮度】参数，直到图片的内容最为清晰为止，如左下图所示。

步骤 06　改变图片颜色。此时已经成功将图片内容变成了素描效果，可以更改图片的颜色，以满足不同的需求。如右下图所示，可以将图片改成褐色。

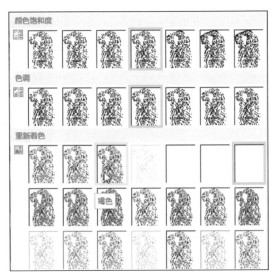

转换成素描的图片可以改变颜色，效果如左下图所示。还可以在图片下方绘制一个有颜色的色

块，让图片呈现更丰富的效果，如右下图所示。

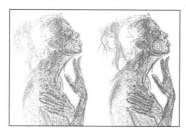 

图片在精不在多

　　图片放进 PPT 中，如果只是为了好看，那它充其量只是一个花瓶。要将花瓶变成实实在在的内容，就需要目的性。有目的地插入图片，能保证 PPT 主题不乱，还能让制作者找到最恰当、最精准的图片插入。

1　为了表现主题 / 烘托气氛

　　为了增加感染力，强调主题，光靠文字的力量是不够的。此时往往会搭配上能表现主题内涵的图片来感染观众。为了表现主题、烘托气氛的图片对内容的要求比较高，不仅要求内容贴切主题，还要求图片非常清晰、甚至有艺术性、有较高的审美。

　　如下图所示，"大数据"3 个字听起来枯燥而抽象，但是搭配上背景图片，顿时变得神秘、高端，引起观众倾听的欲望，奠定了整份 PPT 的基调。

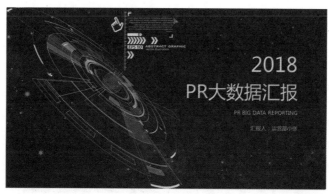

2　为了解释说明

在产品介绍、教学课件 PPT 中，通常需要向观众解释产品的某项动作原理、某知识的具体运用情况。此时就需要配上相关图片，让观众更直观地接受信息。这类图片通常不在审美上有过多要求，但是要求能正确清晰地解释内容。

如下图所示，三张手机图片在一起直观地解释了什么是"远程协助"。

3　为了展示

在产品介绍、公司宣传、项目方案类 PPT 中通常需要展示产品外观、公司生产环境、项目实施场地等内容，此时就需要添加展示类图片。清晰直观地表现事物是展示类图片的首要要求，其次才是美观度的要求。

如下图所示，是一页展示手机商品的 PPT，页面右边展示了商品的正反两面，充分诠释"漂亮得不像实力派"概念。

4.3 形状——PPT 的半壁江山

如果不用图片能做好 PPT 吗？答案是能！如今流行扁平风、简洁风 PPT，而这两种风格都依赖于形状的变幻。形状，看起来简单，无非是矩形、三角形、圆形……然而，最复杂的事物往往是由最简单的事物构成的。

4.3.1 绘制形状太难，因为你不懂方法

PowerPoint 中提供了几十种不同类型的形状，如矩形、圆形、直线等。很多 PPT 制作者表示，这些形状看起来简单，在绘制的时候却总差那么一点点，如圆形不是那么圆、直线画得不够直……这些苦恼只需要一点小技法就可解决。

1 绘制一个形状 / 多个形状

在 PPT 中绘制形状的方法是，单击【插入】选项卡下【形状】下拉按钮，在弹出的下拉列表中选择需要的形状，如左下图所示，即可在界面中按住鼠标左键绘制相应的形状。如果要连续绘制多个形状，方法是右击【形状】下拉列表中的形状，在弹出的快捷菜单中选择【锁定绘图模式】选项，如右下图所示，即可在界面中连续绘制多个形状，完成绘制后，按【Ecs】键退出绘图模式即可。

 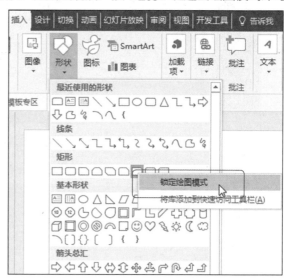

2 绘图时使用快捷键

在绘制形状时，如果配合快捷键可以绘制出更理想的形状，以下快捷键在绘制形状时使用频率较高。

①【Shift】键：按住【Shift】键可以绘制规则形状、线段。例如，绘制椭圆时，按住【Shift】键可以绘制出正圆；绘制直线时，按住【Shift】键可以绘制出水平、垂直、倾斜度为 45°倍数的线段。

②【Ctrl】键：按住【Ctrl】键可以以某个点为中心进行绘制。在绘制【曲线】时，按住【Ctrl】键可以绘制出由直线段组成的图形，否则就绘制出曲线段组成的图形，如下图所示，左右两边分别是没有按住【Ctrl】键和按住【Ctrl】键绘制的曲线效果。

③【Ctrl+D】组合键：完成一个图形绘制后，选中图形，按【Ctrl+D】组合键，可以复制粘贴一个一模一样的图形。

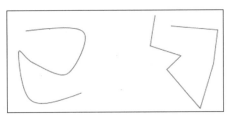

3 完成绘制后使用调节控制点

有的图形绘制完成后，会出现一个黄色的控制点，通过调节这个控制点，可以改变图形的形状。如下面所示的两组图，通过调节黄色的控制点，将笑脸变成哭脸，以及改变扇形的面积区域。

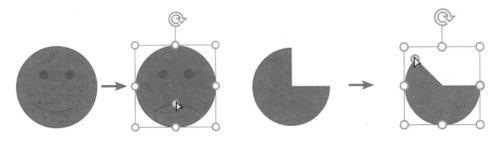

4.3.2 形状变形，只有想不到没有做不到

形状是由一个一个的点连接而成的，这些点称为形状的顶点，通过调节这些点的位置可以实现形状变形的效果。只要合理地编辑形状的顶点，就可以将简单的图形变成复杂的图形。

1 删除与添加顶点

右击绘制的形状，在弹出的快捷菜单中选择【编辑顶点】选项，如左下图所示，即可进入顶点编辑状态。进入顶点编辑状态后，右击某一顶点，在弹出的快捷菜单中会出现【添加顶点】和【删除顶点】选项，如右下图所示。

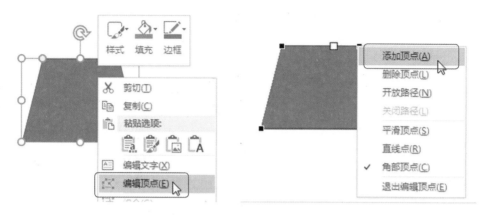

添加顶点可以在所选顶点旁边添加一个顶点，如左下图所示。删除顶点往往会改变形状原本的轮廓，如右下图所示。

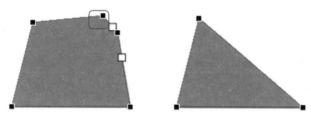

② 开放路径与关闭路径

通过编辑顶点的路径方式，可以将图形调整为封闭或开放的图形，从而实现图形的轮廓改变。首先来理解一下，什么是封闭图形，什么是开放图形。

封闭图形：形状的轮廓线条形成封闭状态，填充色填充在其封闭空间中，如圆形、矩形等。如下图所示，是封闭图形，顶点呈首尾相接状态。

开放图形：形状的轮廓线条处于首尾不相接、形状不封闭的状态，如直线、曲线等。很多开放图形无法填充颜色，如左下图所示的一组图形。如果开放图形可以填充颜色，那么填充色填充在开放后的首尾两个顶点连接起来的封闭空间中，如右下图所示的一组图形。

将顶点变为开放路径：在顶点编辑状态下，右击顶点，在弹出的快捷菜单中选择【开放路径】选项，可以将原本关闭的顶点变成开放路径。变成开放路径的顶点可以移动位置，使开放的"口"变得更大，效果如下图所示。

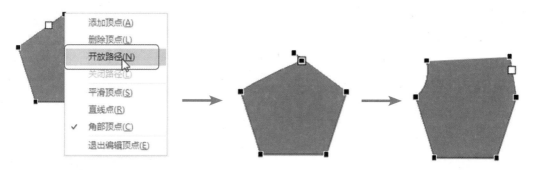

顶点变成开放路径后，图形的轮廓会发生改变，在不填充颜色的状态下，可以看到开放路径的顶点附近没有轮廓线。通过改变轮廓线的颜色、线型、粗细可以得到不同的轮廓效果，如下图所示。

将顶点变为关闭路径：右击顶点，在弹出的快捷菜单中选择【关闭路径】选项，即可将原本开放的路径变为关闭，如下图所示。

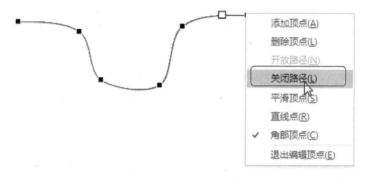

图形的开放顶点变成关闭状态后，图形会变成封闭图形。如下图所示，是顶点关闭后，图形轮廓的变化。

3 顶点的类型

图形的顶点类型一共有3种，角部顶点、平滑顶点、直线点。顶点类型的不同，调整的方法也不同，调整的效果自然也不相同。在顶点编辑状态下，顶点类型前面打钩就表示该顶点当前所处的顶点类型，可以根据需要自由调整顶点类型。因此下面介绍不同类型的顶点，有利于顶点类型的选择与灵活编辑。

角部顶点：调整一个控制句柄时，另一个控制杆不会发生改变。如下图所示，调整该角部顶点的b控制杆，a控制杆不会受到影响。

在PowerPoint中绘制图形，有的图形默认只有一个角部顶点，如圆形。有的图形则默认有多个角部顶点，如三角形有3个角部顶点。

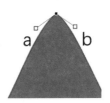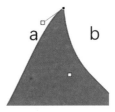

平滑顶点：调整一个控制杆时，另一个控制杆位移的方向及其长度同时发生对称变化。轮廓是曲线的形状通常会是平滑顶点，如左下图所示，该顶点类型就是平滑型。换句话说，平滑顶点会让两个控制杆同时发生改变，实现平滑的效果。如右下图所示，调整顶点的控制句柄，两个控制句柄同时发生变化，始终保持该点的轮廓是平滑状态。

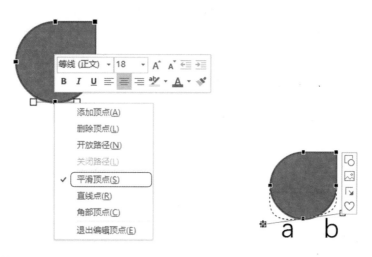

直线点：调整一个控制杆时，另一个控制杆位移的方向与该控制杆发生对称改变，而控制杆的长度不发生改变。如左下图所示，是直线点，右下图所示是调整直线点控制句柄的效果。

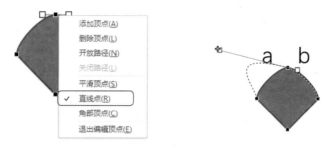

运用上述顶点的编辑知识，可以实现图形的变形，绘制出效果丰富的形状。下面以绘制苹果形状为例进行讲解。具体操作步骤如下。

步骤 01 绘制正圆。为了绘制方便，在【视图】选项卡下选中【网格线】和【参考线】复选框。在页面中绘制一个直径为 7 厘米的正圆，并进行顶点编辑状态，如左下图所示。

步骤 02 添加顶点。选中圆形上方的顶点，添加两个顶点，此时圆形上方有 3 个顶点，如右下图所示。

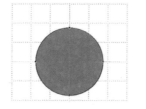 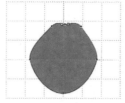

步骤 **03** 调整顶点位置。将圆形左右两边的顶点位置下移，效果如左下图所示。

步骤 **04** 调整顶点类型。分别选中顶点，调整顶点的类型，如右下图所示。

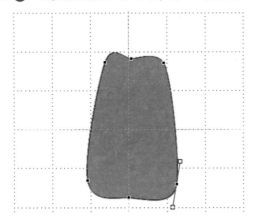 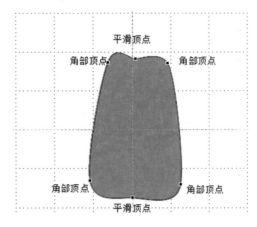

步骤 **05** 调整顶点控制杆。选中不同顶点的控制杆，进行移动调整，慢慢改变图形的轮廓，效果如左下图所示。

步骤 **06** 添加叶子图形。用同样的方法，绘制一个矩形，调整矩形顶点，使其变成叶子形状，效果如右下图所示。此时便完成了一个简单苹果图形的绘制。

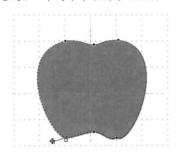 

4.3.3 简单的形状组合出复杂的图形

 PowerPoint 中提供了简单的形状，将这些形状进行组合、剪除等操作可以得到更复杂的形状，这就是【合并形状】功能。发挥想象，将图形进行合并、使用 A 图形剪除 B 图形的一部分……可以有无限的可能。

1 形状联合

形状联合功能可以将两个形状合并成一个形状，合并后的图形无相交部分，彼此是一个整体，有共同的轮廓。如下图所示，是形状合并后的效果。

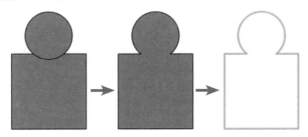

2 形状组合

形状组合功能可以将两个形状合并在一起。与形状联合功能的区别是：如果形状之间有相交部分，形状组合后，将剪除相交部分，效果如下图所示；如果形状之间无相交部分，则效果与形状联合相同。

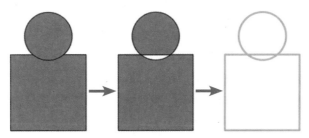

3 形状拆分

形状拆分功能可以将有重叠部分的形状分解为 3 个部分：① A、B 两个形状重叠的部分；② A 形状剪除与 B 形状重叠部分之后的部分；③ B 形状剪除与 A 形状重叠之后的部分。因此无相交部分的两个形状不能执行形状拆分操作。如下图所示，形状进行拆分后，成为 3 个部分，可以为这 3 个部分设置不同的填充色和轮廓。

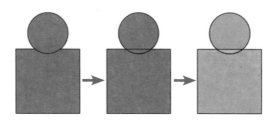

④ 形状相交

　　形状相交功能可以剪除重叠部分的非相交部分，因此无相交形状不能进行形状相交操作。如下图所示，两个形状执行相交操作后，只剩下相交部分。

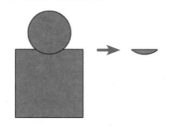

⑤ 形状剪除

　　形状剪除功能可以让一个形状"剪去"与另一个形状的相交部分。因此该操作的结果与形状选择的先后顺序有关。例如，A、B 两个形状，先选择 A 再选择 B，执行形状剪除操作，结果是 A 形状"剪去"与 B 形状的相交部分。如下图所示，是两种选择顺序下的形状剪除效果。

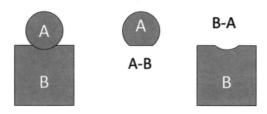

 高手自测 13 ┤ 通过形状组合功能，绘制一个机器人。

扫描看答案

高手神器 7

文字云制作就用Tagul

　　Tagul 文字云工具是一款在线制作文字云的工具，只需要在网页中打开 Tagul 网站，就可以制作出形状不同的文字云。该网站是全英文网站，下面介绍具体的操作步骤。

步骤 **01**　开始制作。进入 Tagul 网站后，界面如下图所示，单击【CREATE NOW】按钮进入文字云制作界面。

步骤 **02**　输入关键词。进入如左下图所示的界面，在【Type in a new word】文本框中输入不同的关键词，并且单击【Color】列的空格，为文本选择显示颜色。

步骤 **03**　选择形状。单击【SHAPES】按钮，出现文字云形状选择列表，选择一个恰当的形状，如右下图所示。

步骤 **04** 设置字体完成文字云制作。Tagul 中的字体是针对英文的，因此中文关键词可能无法显示，此时需要添加一款适合中文的字体。如下图所示，单击【Add font】按钮，从计算机中选择一款中文字体。然后单击【Visualize】按钮预览文字云效果，如果觉得效果满意，登录或注册账号后，即可下载完成制作的文字云。

 高手神器 8

增强图形绘制功能就用OneKey

OneKey 是一款多功能的 PPT 插件，下载安装后，启动 PowerPoint 软件即可使用。使用 OneKey 可以更方便地绘制图形，如等比例调整图形大小、矩阵复制图形、快速设置图形的三维效果，具体操作方法如下。

等比例调整图形大小：在 PPT 中绘制几个图形，第一个图形和最后一个图形的大小不同。同时选中图形，选择【OneKey】→【尺寸递进】→【小→大】选项，如下图所示。

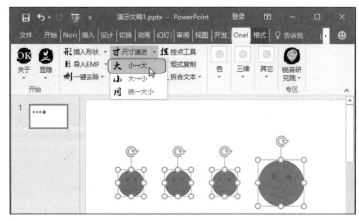

此时图形就调整为从小到大等比例增加的大小，效果如下图所示。使用这个方法，可以制作出均匀增大、减小的图形，而不用费心设置图形的尺寸。

矩阵复制图形：在绘制图形时，如果需要绘制大小相同且呈矩阵排列的图形，可以使用【矩式复制】功能来实现。如下图所示，在界面中绘制一个五边形，选中图形单击【矩式复制】按钮，在打开的【矩式复制】对话框中，设置【行】【列】数，单击【确定】按钮后，界面中即呈现出图形矩阵复制的效果。

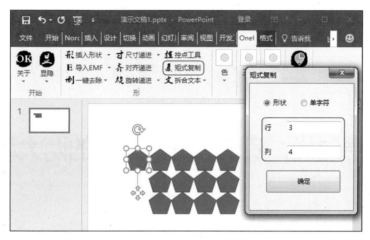

一键三维效果：在 PPT 中绘制一个圆形，选择【OneKey】→【三维】→【一键三维】→【一键球体】选项，平面圆形立刻变成球体，效果如下图所示。使用这个功能，可以快速实现矩形、椭圆、圆形的三维效果。

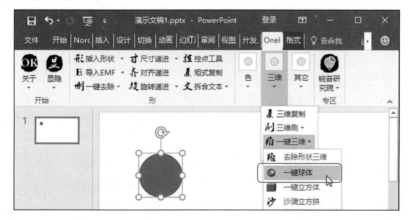

5

信息时代，实现数据可视化的两大利器

　　大数据时代，要学会用数据来说话。但是仅在 PPT 页面中放上一堆数字，恐怕又会让观众食之无味。

　　解决这个问题的方法就是"数据可视化"——将枯燥的数据转换成生动的图表，赢得观众的目光。图表甚至可以"操纵"观众，有目的地设计图表，展现数据，让观众跟着你的思路走。

　　如果一定要展现纯粹的数据，就要使用表格，用精准的眼光、恰当的操作，让数据犹如"清洗"过一般，干净整齐地放进表格中，让观众感到赏心悦目。

请带着下面的问题走进本章

1 面对一堆数据，该选择表格还是图表来展现？

2 设计表格时，表格颜色越鲜艳，越能吸引观众目光吗？

3 PowerPoint 中十几种图表，该如何选择？

4 柱形图和条形图看起来都差不多，它们是否真的没有区别？

5 高手制作的数据图表有什么特点？要如何做才能制作出那样"高级"的图表？

5.1 增加表格表现力，你只差这些方法

表格似乎天生就是 PPT 的天敌，单调的线框、枯燥的数字，严重阻碍了信息传达的效率，让观众不想细看。在必须使用表格的情况下，如果多花点心思，站在观众的角度，调整表格的颜色、线框、数字，使其更美观、更有可读性，表格将变成 PPT 的朋友。

5.1.1 什么情况下应该使用表格

表格用得不好容易破坏 PPT 的美感，可是有的人却一遇到数据就使用表格来体现。殊不知，不是所有类型的数据都需要表格，通常情况下，只有两种情况需要用表格来展示内容。

1 展示多项目数据明细

与数据相关的内容，一般必须展示多个项目的数据明细时才会使用表格。换句话说，表格的作用在于，让观众清楚地看到，不同项目的具体数据是多少，而不仅是让观众对数据大小有个模糊的概念。

如下图所示，为了展示不同产品具体的销售数据而使用表格，这是合情合理的，展示的目的就是要让观众了解具体的数据明细。

2018年各产品销售数据

产品名称	规格型号	单位	数量	单价	金额（元）
军用雨靴	L号	箱	500	896.75	448,375
手套	M号	箱	450	568.20	255,690
防护服	M号	套	995	189.67	188,721
口罩	均码	箱	961	854.63	821,299
				总金额	1,714,086

如果 PPT 中的数据仅是向观众传达大致的数据对比、数据趋势，那么使用图表效果会更好。如下图所示，从标题就可以看到这页 PPT 是想告诉观众产品的销量大小及售价高低对比，需要传达的信息是"哪种产品销量最大、最小"等内容。并且图表中的售价数据进行从高到低的排序，有助于观众一目了然地看到商品的销量排序。虽然图表上方标注了具体的数据，但是这不是重点传达的信息。

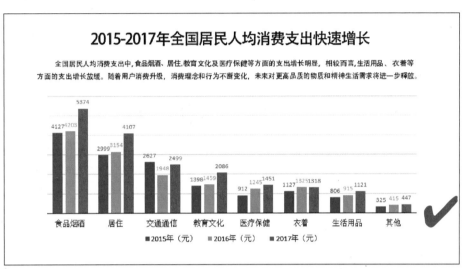

如果将上图所示的图表转换成表格，效果如下图所示，那么观众能从这一堆抽象、枯燥的数据中快速地对比不同产品的销量差距、售价差距吗？

2015-2017年全国居民人均消费支出快速增长

全国居民人均消费支出中,食品烟酒、居住、教育文化及医疗保健等方面的支出增长明显, 相较而言,生活用品、衣着等方面的支出增长放缓。随着用户消费升级, 消费理念和行为不断变化, 未来对更高品质的物质和精神生活需求将进一步释放。

消费类型	2015年（元）	2016年（元）	2017年（元）
食品烟酒	4127	4203	5374
居住	2999	3154	4107
交通通信	2627	1948	2499
教育文化	1398	1459	2086
医疗保健	912	1245	1451
衣着	1127	1325	1318
生活用品	806	915	1121
其他	325	415	447

2 展示多项目情况

在特殊情况下，需要展示诸如调查问卷之类的信息，这类信息项目超过三项且分类情况复杂，难以用单纯的文字、图形、图表来展示，此时表格是最佳选择。如下图所示，是一项关于不同商品在不同店铺的销售情况调查，用表格可以条理清晰地进行展示。

5.1.2 让表格听话的绘制方法

让 PPT 表格能够合理、美观地呈现数据的基础是正确绘制表格、编辑表格。这些基础性的操作方法，有利于减少创建表格时的步骤，以及在美化表格时，能正确运用恰当的操作进行编辑，提高效率。

1 插入表格的方法

插入表格最常用的方法是直接插入，如下图所示，在【插入】选项卡下【表格】菜单中选择行列数，即可在界面中插入一个表格。

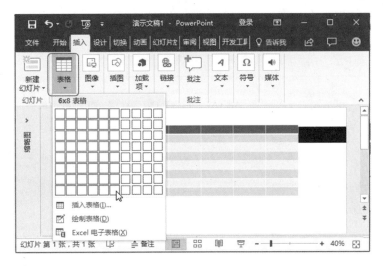

以上这种方法插入表格的缺点是，最大只能插入 10×8 的表格，如果想插入更多行列数的表格，需要下面的方法。

选择【表格】下拉菜单中的【插入表格】选项，弹出【插入表格】对话框，在该对话框中输入行列数单击【确定】按钮，就能插入固定行列数的表格，如左下图所示。

插入表格后，如果发现行列数不够，可以右击单元格，单击快捷菜单中的【插入】按钮，然后在级联菜单中选择【在左侧插入列】等选项，如右下图所示。

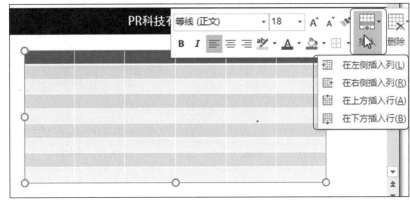

② 选择表格的方法

要对表格进行操作，前提是选中表格或表格中的部分单元格。用鼠标单击表格，即可选中整张表格。将鼠标指针放到表格行的左边或是列的上方，当鼠标指针变成↓形状或是➡形状时，单击鼠标即可选中这一行或是这一列单元格。

如下图所示，选中了"所属部门"这一列所有的单元格。

所属部门	岗位	人数（人）	平均年龄（岁）	平均工龄（年）	男女比例
运营部	组长	2	35	3.5	1:1
运营部	组员	16	28	2.1	1:7
运营部	实习生	5	24	0.2	1:4
技术部	组长	1	36	5	1:0
技术部	组员	17	31	3.5	15:2
产品部	组长	2	32	3.5	1:1
产品部	组员	5	29	3.2	3:2
市场部	经理	2	32	2.5	2:0

如果不需要选中整行或整列，可以按住鼠标左键，拖动选中单元格，如左下图所示，拖动鼠标选中了第3行，从"运营部"单元格到"组员"单元格区域。

还可以使用【Shift】键来选择单元格。方法是单击某一单元格，按住【Shift】键，单击另一个单元格，即可选中两个单元格及之间连续的区域。如右下图所示，单击第2行第1列的"运营部"单元格，再按住【Shift】键，单击人数为"1"的单元格，此时两个单元格及中间区域都被选中了。

所属部门	岗位	人数（人）	平均年龄
运营部	组长	2	35
运营部	组员	16	28
运营部	实习生	5	24
技术部	组长	1	36
技术部	组员	17	31
产品部	组长	2	32
产品部	组员	5	29
市场部	经理	2	32

所属部门	岗位	人数（人）	平
运营部	组长	2	
运营部	组员	16	
运营部	实习生	5	
技术部	组长	1	
技术部	组员	17	
产品部	组长	2	
产品部	组员	5	
市场部	经理	2	

③ 设置表格行高 / 列宽

调整表格的行高和列宽，可以使文字在单元格中不会显得太拥挤或太空旷。调整行高和列宽的方法有两种：一是上下拖动表格横向或竖向的框线，从而改变行高和列宽。如左下图所示，往下拖动第2行下方的框线，可以增加第2行的行高。二是通过设置参数来调节行高和列宽。如右下图所示，选中需要设置行高或列宽的单元格区域，在【表格工具 - 布局】选项卡的【单元格大小】组中，输入具体的行高 / 列宽参数，实现行高或列宽的调整。

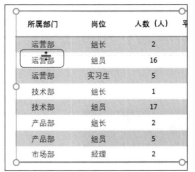

④ 改变表格颜色 / 线框

表格是否美观，很大程度上取决于填充色和边框的设计。改变表格的填充色方法是选中单元格区域，在【表格工具 - 设计】选项卡下的【底纹】颜色菜单中，选择一种颜色，如下图所示。

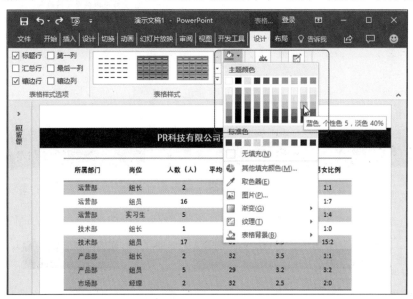

与改变单元格填充色相比，边框线的设置是很多新手的大难题。表格的边框总是"不听指挥"，如果想将部分边框线设置成特定的颜色，更是不知从何下手。正确的边框线设置思路如下图所示。

按照这个边框线的设置思路，下面对表格的部分行设置蓝色框线。

步骤 01 选择单元格区域。选中第4行单元格区域，单击【表格工具 - 设计】选项卡下【绘制边框】组中的【笔颜色】按钮，从中选择一种笔的颜色，如下图所示。

步骤 02 选择边框线类型。单击【表格工具 - 设计】选项卡下【边框】按钮，从弹出的下拉列表中选择【上框线】类型，如下图所示。此时选中行的上框线会变成蓝色。

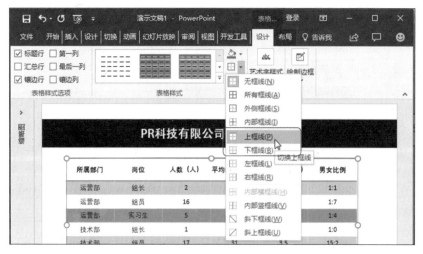

步骤 ③ 完成其他行的上框线设置。单独设置一行单元格的上框线并不美观，因此用同样的方法，为表格第 1 行、2 行、6 行、8 行设置蓝色上框线，为第 9 行设置蓝色下框线。由于前面的步骤已经选择了笔颜色，后面的步骤中可以直接选中单元格再选择边框线类型即可。最终效果如下图所示。

PR科技有限公司在岗人员统计

所属部门	岗位	人数（人）	平均年龄（岁）	平均工龄（年）	男女比例
运营部	组长	2	35	3.5	1:1
运营部	组员	16	28	2.1	1:7
运营部	实习生	5	24	0.2	1:4
技术部	组长	1	36	5	1:0
技术部	组员	17	31	3.5	15:2
产品部	组长	2	32	3.5	1:1
产品部	组员	5	29	3.2	3:2
市场部	经理	2	32	2.5	2:0

5.1.3 表格从零变美，按照这4个步骤来

会插入表格并不代表会设计表格，面对表格这个枯燥的元素，很多人无从下手。那么不妨按照下面 4 个步骤来，表格从零变美就是这么简单。

① 统一行高 / 列宽

表格要想显得整齐，就需要让同类信息的单元格行高和列宽保持统一，具体操作步骤如下。

步骤 ① 增加单元格列宽。单元格中的文字如果不是字数特别多，尽量不要分行显示。如下图所示，表格最后一列的文字分行显示的状况，可以拖动表格的框线，增加列宽，让文字在一行显示。

姓名	目标	实际业绩	所属小组	奖励金额	口号
张强	30万	31万	销售1组	1千元	相信自己最棒
王红	35万	45万	销售1组	1万元	业绩第一
李一	12万	10万	销售2组	0	一飞冲天
赵奇	30万	35万	销售2组	3千元	勇往直前
李强	40万	40万	销售2组	500元	永不言败
陈丽	38万	50万	销售3组	1.5万元	突破自己
刘东	35万	37万	销售3组	1.2千元	直奔成功
周文	28万	26万	销售3组	0	为明天而努力

步骤 02   分布行。【分布行】命令可以让选中的单元格行高均匀分布，保持一致。如下图所示，增加标题行的行高，然后选中标题行以下的单元格，执行【分布行】命令。

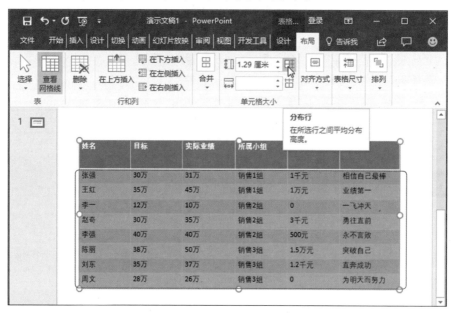

步骤 03   分布列。【分布列】命令可以让选中的单元格列宽均匀分布，保持一致。该案例中，表格最后一列文字较多，因此不用要求这一列的列宽与其他单元格保持一致。如下图所示，选中除最后一列之外

的单元格，执行【分布列】命令。

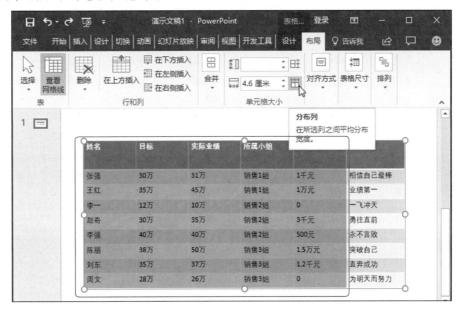

调整列宽和行高后的表格效果如下图所示。

姓名	目标	实际业绩	所属小组	奖励金额	口号
张强	30万	31万	销售1组	1千元	相信自己最棒
王红	35万	45万	销售1组	1万元	业绩第一
李一	12万	10万	销售2组	0	一飞冲天
赵奇	30万	35万	销售2组	3千元	勇往直前
李强	40万	40万	销售2组	500元	永不言败
陈丽	38万	50万	销售3组	1.5万元	突破自己
刘东	35万	37万	销售3组	1.2千元	直奔成功
周文	28万	26万	销售3组	0	为明天而努力

② 对齐

为了方便阅读、整齐显示，表格的第二步调整是元素的对齐调整。对齐表格元素的方法是在【表格工具 - 布局】选项卡下依次执行【垂直居中】和【居中】命令。按照此方法调整后的表格效果如下图所示，此时单元格中的内容在单元格的中心显示。

姓名	目标	实际业绩	所属小组	奖励金额	口号
张强	30万	31万	销售1组	1千元	相信自己最棒
王红	35万	45万	销售1组	1万元	业绩第一
李一	12万	10万	销售2组	0	一飞冲天
赵奇	30万	35万	销售2组	3千元	勇往直前
李强	40万	40万	销售2组	500元	永不言败
陈丽	38万	50万	销售3组	1.5万元	突破自己
刘东	35万	37万	销售3组	1.2千元	直奔成功
周文	28万	26万	销售3组	0	为明天而努力

③ 套用样式

经过前面的步骤，此时的表格已经调整得干净整齐，此时还需要让表格变得更美观一些。对于新手来说，不建议自定义样式，因为系统预置的表格样式中就包含许多大气、美观的样式。如下图所示，可以从这些样式中挑选一个进行运用。

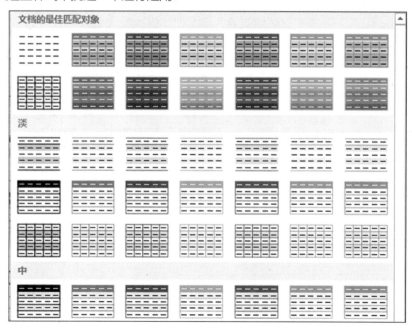

套用表格样式后，表格的效果立刻得到了增强，如下图所示。

姓名	目标	实际业绩	所属小组	奖励金额	口号
张强	30万	31万	销售1组	1千元	相信自己最棒
王红	35万	45万	销售1组	1万元	业绩第一
李一	12万	10万	销售2组	0	一飞冲天
赵奇	30万	35万	销售2组	3千元	勇往直前
李强	40万	40万	销售2组	500元	永不言败
陈丽	38万	50万	销售3组	1.5万元	突破自己
刘东	35万	37万	销售3组	1.2千元	直奔成功
周文	28万	26万	销售3组	0	为明天而努力

4 突出重点

有时表格需要突出重点数据，如最大数据、最小数据，此时可以通过加粗 / 增大文字、改变颜色、设置底纹及综合运用来突出重点。

① 加粗文字并增大字号的效果，如下图所示。

姓名	目标	实际业绩	所属小组	奖励金额	口号
张强	30万	31万	销售1组	1千元	相信自己最棒
王红	35万	45万	销售1组	1万元	业绩第一
李一	12万	10万	销售2组	0	一飞冲天
赵奇	30万	35万	销售2组	3千元	勇往直前
李强	40万	40万	销售2组	500元	永不言败
陈丽	**38万**	**50万**	**销售3组**	**1.5万元**	**突破自己**
刘东	35万	37万	销售3组	1.2千元	直奔成功
周文	28万	26万	销售3组	0	为明天而努力

② 改变文字颜色的效果，如下图所示。

姓名	目标	实际业绩	所属小组	奖励金额	口号
张强	30万	31万	销售1组	1千元	相信自己最棒
王红	35万	45万	销售1组	1万元	业绩第一
李一	12万	10万	销售2组	0	一飞冲天
赵奇	30万	35万	销售2组	3千元	勇往直前
李强	40万	40万	销售2组	500元	永不言败
陈丽	38万	50万	销售3组	1.5万元	突破自己
刘东	35万	37万	销售3组	1.2千元	直奔成功
周文	28万	26万	销售3组	0	为明天而努力

③ 改变底纹颜色的效果，如下图所示。

姓名	目标	实际业绩	所属小组	奖励金额	口号
张强	30万	31万	销售1组	1千元	相信自己最棒
王红	35万	45万	销售1组	1万元	业绩第一
李一	12万	10万	销售2组	0	一飞冲天
赵奇	30万	35万	销售2组	3千元	勇往直前
李强	40万	40万	销售2组	500元	永不言败
陈丽	38万	50万	销售3组	1.5万元	突破自己
刘东	35万	37万	销售3组	1.2千元	直奔成功
周文	28万	26万	销售3组	0	为明天而努力

④ 加粗字号、增大字号、改变文字颜色综合运用的效果，如下图所示。

姓名	目标	实际业绩	所属小组	奖励金额	口号
张强	30万	31万	销售1组	1千元	相信自己最棒
王红	35万	45万	销售1组	1万元	业绩第一
李一	12万	10万	销售2组	0	一飞冲天
赵奇	30万	35万	销售2组	3千元	勇往直前
李强	40万	40万	销售2组	500元	永不言败
陈丽	38万	50万	销售3组	1.5万元	突破自己
刘东	35万	37万	销售3组	1.2千元	直奔成功
周文	28万	26万	销售3组	0	为明天而努力

5.1.4 重点突破，表格变美的心法

如果不想运用系统预置的表格样式，那么可以自行设计，这里提供4个建议，让表格越变越美。

1 表头突出

表格中最上面的一行就是表头，通常显示项目名称。为了让观众清楚地辨认项目名称，表头需要突出显示，方法是增大字号、增加单元格行高、添加对比强烈的底纹颜色。如下图所示的效果，仅对表头进行了突出设计，表格简洁而不失美观。

品牌	AOC	明基	HKC	华硕	飞利浦
型号	G2460PG/GB	XL2720Z	X3	VG248QE	272G5DJEB
面板类型	TN	不闪式TN	PVA	TN	TN
屏幕比例	24时	27时	23.5时	24时	27时
最佳分辨率	1920*1080	1920*1080	1920*1080	1920*1080	1920*1080
刷新率	144HZ	144HZ	144HZ	144HZ	144HZ
响应时间	1ms	1ms	1ms	1ms	1ms
3D显示	支持	不支持	不支持	支持	不支持
点距	0.276	0.303	0.271	0.276	0.303
色数	16.7M	16.7M	10.7E	16.7M	16.7M
亮度	350cd/m2	300cd/m2	300cd/m2	300cd/m2	300cd/m2

2 用底纹区分行

表格的行数较多时，观众很难区分不同的行，可能导致数据错读。此时可以对表格的行设置两种不同的底纹填充色，便于查看。表格底纹颜色的选择对色彩驾驭能力要求较高，通常情况下使用白色＋灰色，或者是与页面背景颜色同色系、但颜色更浅的色彩。如下图所示，使用了白色＋浅灰色进行与行的颜色填充。

重点城市人才流动难度指数

从上海流入北京最难，人才流动难度指数为1.00；从深圳流入成都、重庆相对容易，其人才流动难度指数为0.33。就整体而言，其他六个城市流入北京的难度最大，难度指数在0.72~1.00之间波动。

流出城市	流入城市						
	北京	上海	深圳	广州	杭州	成都	重庆
北京	0.64	0.97	0.78	0.74	0.59	0.44	0.47
上海	1.00	0.51	0.84	0.71	0.56	0.45	0.43
深圳	0.89	0.85	0.54	0.88	0.48	0.33	0.33
广州	0.82	0.77	0.77	0.42	0.44	0.40	0.38
杭州	0.72	0.70	0.70	0.57	0.37	0.45	0.45
成都	0.83	0.76	0.67	0.71	0.55	0.43	0.74
重庆	0.74	0.74	0.74	0.83	0.55	0.77	0.38

3 用底纹区分列

当表格的列存在项目分类，或者是需要提醒观众进行列的区分时，可以对表格的列设置不同的底纹填充色，便于观众根据列查看信息。如下图所示，表格的左右两边都是相同的项目分类，需要提醒观众进行列的区分，因此为左右两边的列设置了不同的填充色，表格的信息分类便一目了然。

2018年夏季求职期城市平均薪酬分布

薪酬水平进入全国前十的城市，基本分布在长三角、珠三角地区。沈阳、哈尔滨、长春作为东北三省省会，其薪酬水平在34个城市中排名靠后，尤其是哈尔滨和长春，排在最后两位。

排名	城市	平均薪酬	排名	城市	平均薪酬
1	北京	9240	10	苏州	6719
2	上海	8962	11	南京	6680
3	深圳	8315	12	重庆	6584
4	广州	7409	13	福州	6522
5	杭州	7330	14	贵阳	6437
6	宁波	7152	15	成都	6402
7	佛山	7017	16	武汉	6331
8	东莞	6998	17	南昌	6235
9	厦门	6886	18	昆明	6230

4 简化表格

尽量减少底纹填充和边框线，可以使表格呈现极简效果，带给观众整洁、干净、清爽的视觉感受。如下图所示，表格无底纹填充，且边框线只使用了横框线，显得十分整洁清爽，方便观众查看。

第20180321期钢铁市场行情

代码	品名	开盘价 （元/吨）	收盘价 （元/吨）	涨跌 （元/吨）	成交量 （吨）	订货量 （吨）
R1103	热卷板	4545	4645	85	23360	44075
R1104	热卷板	4575	4703	119	569680	85280
R1105	热卷板	4590	4722	114	699015	133605
R1106	热卷板	4630	4746	109	30080	12905
L1103	螺纹钢	4601	4580	12	277710	54610
L1104	螺纹钢	4648	4640	47	18518	20240

 高手自测 14 ——— *要将下面的这组数据转换成表格，应该如何做？*

扫描看答案

R300L 尊贵型车型的贷款相关数据：利率（原利率）、首付（203400）、贷款额（474000）、期数（24 个月）、月供（22007 元）、总利息（54168 元）。

　　R300L 尊贵型车型的贷款相关数据：利率（0 利率）、首付（191400）、贷款额（446600）、期数（24 个月）、月供（18608 元）、总利息（0 元）。

　　R350L 豪华型车型的贷款相关数据：利率（原利率）、首付（239400）、贷款额（558600）、期数（24 个月）、月供（25903 元）、总利息（63068 元）。

　　R350L 豪华型车型的贷款相关数据：利率（0 利率）、首付（239400）、贷款额（558600）、期数（24 个月）、月供（23275 元）、总利息（0 元）。

5.2　用好图表，让数据开口说话

　　图表与表格不同之处在于，表格用来展示具体的数据明细，而图表用来直观展现数据的趋势、大小对比、占比等情况，让观众快速掌握所有数据的整体倾向。与表格相比，图表的可视化程度更高。不同的图表用不同的元素直观展现数据，如柱形图用柱形的高低来表示数据的大小，饼图用扇形面积的大小来表示数据的占比大小……由于人眼识别图形的效率更高，因此观众对图表数据的解读速度会更快。

5.2.1　图表不能滥用，让数据对号入座

　　制作精美 PPT 图表的第一步是为数据选择恰当的图表类型。PowerPoint 2016 中提供了 17 种类型的图表，如果不了解每种图表的用途、特点，确实很难选择。更让新手感到疑惑的是，有的图表看起来区别不大，如柱形图和条形图。那么究竟什么时候选择柱形图，什么时候选择条形图呢？下面就来介绍最常用的图表所对应的数据。

1　数据大小对比：柱形图、条形图

　　柱形图与条形图均使用矩形条来展现各项目数据的大小，观众通过对比矩形条的高低、长短就

可判断出项目数据的大小情况。它们的区别在于，当项目的名称过长时，应该选择条形图，名称较短时，选择柱形图和条形图都可以。

如下图所示，柱形图体现了两个品牌的手机销量对比。

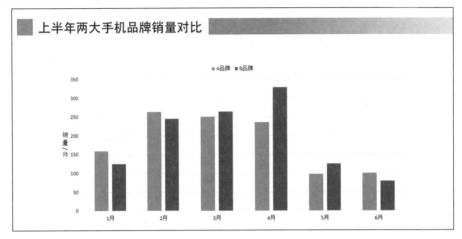

当数据项目的名称较长时，如下图所示，选择条形图来制作更为恰当。条形图的数据项目名称排列在左边，名称字数长也不会影响显示。如果换成柱形图，项目名称过长会导致排列拥挤、文字模糊不清的情况。

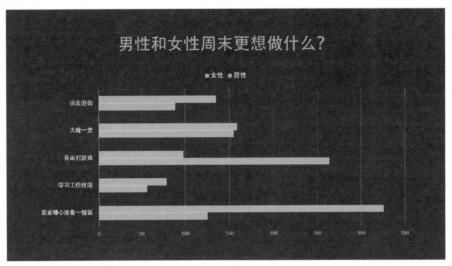

如果需要展现几个子项目之间的大小、占比情况，可以使用堆积柱形图、堆积百分比柱形图，以及堆积条形图、堆积百分比条形图来展现。如下图所示的堆积条形图，表现了 3 类产品在不同季度的销售情况。

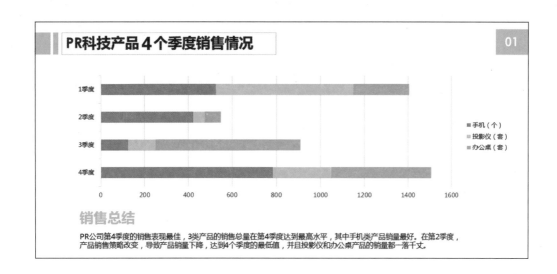

2 数据趋势：折线图、面积图

当需要表现连续时间段内的数据变化趋势时，应该选择折线图，观众通过折线的趋势即可判断出走向，如下图所示。

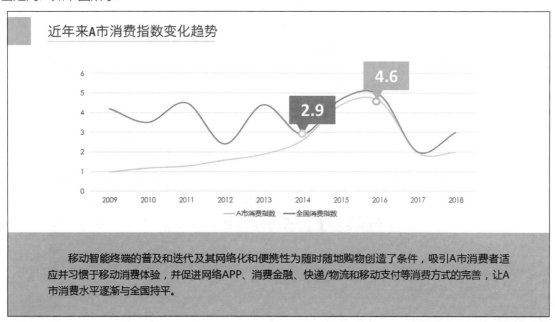

折线图中的线不一定是折线，还可以调整为平滑线。折线使观众更容易看出数据拐点，而平滑线更倾向于表现数据的连续趋势。将折线变成平滑线的方法是，右击折线，选择【设置数据系列格式】选项，在打开的【设置数据系列格式】窗格中选中【平滑线】复选框，如下图所示。

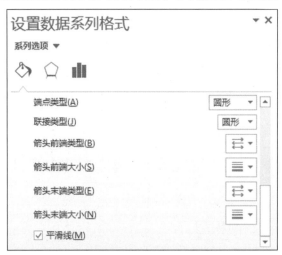

　　数据不仅体现的是趋势，还体现了数据项目之间的趋势积累，此时面积图更为恰当。观众可以从面积的轮廓走向中判断出数据趋势，还可以从面积的大小判断出数据的积累。如下图所示的面积图，表现了不同层次人群在 30 年内的收入增长趋势，根据面积大小还可以判断出不同层次人群的收入积累量的变化。

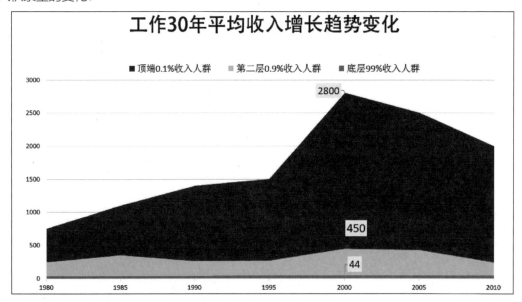

在制作面积图时，需要注意表示不同项目的面积之间是否存在遮挡情况，如左下图所示，"B店"和"C店"项目的面积挡在了"A店"前面，让"A店"后面的趋势无法看到。此时应该分别选中"B店"和"C店"的面积，调整填充色的透明度，让"A店"趋势显示出来，如右下图所示。

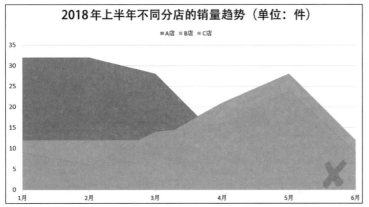 

如下图所示，面积填充色的透明度调整后，就不存在面积遮挡情况，所有项目的趋势及量的变化均一目了然。

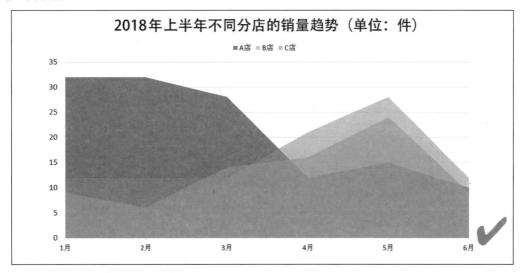

③ **数据比例：饼图**

当需要体现不同项目之间的数据占比，同时所有项目都共同属于一个整体时，饼图是最佳选择。如下图所示，饼图的不同扇形体现了网民使用微信公众号的用途占比，而所有扇形相加的比例为1，表示使用微信公众号的网民这一个整体。

为了使制作出来的饼图更人性化，需要注意以下几方面。

（1）对扇形进行排序

不少新手制作饼图时，并不会注意扇形的大小是否按照顺序排列，不按照顺序排列可能会增加观众阅读数据的难度。对扇形面积进行排序，需要打开饼图的原数据，执行【升序】或【降序】命令，如下图所示。

（2）调整数据标签的显示方式

在默认情况下，饼图有图例，添加数据标签后，只会显示数据。这种情况需要观众对照着图例，再看数据标签，如左下图所示，降低了阅读效率，十分不方便。如果在数据标签中同时显示扇形区域的名称和数据，观众阅读起来就会方便很多。其方法是，删除图例，然后双击数据标签，在【设置数据标签格式】窗格中选中【类别名称】和【值】复选框，如右下图所示。

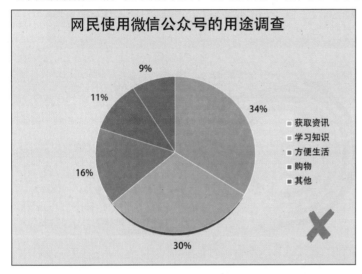

在 PPT 页面中放一个饼图容易显得单调，不方便排版设计，此时可以用多个饼图来表示数据占比情况。如下图所示，表现了不同季度的市场占比情况。

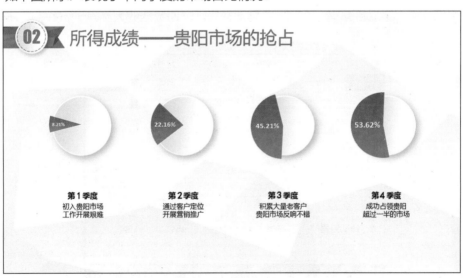

PowerPoint 中的饼图还包括圆环图，圆环图通过圆环的长短来体现占比。如果是多层圆环图，并不要求所有占比相加等于 100%。圆环图是十分有趣的图表，通常改变圆环的填充方式、边框线格式，可以做出效果丰富的图表。

如下图所示的是使用圆环图来表示人们喜欢选择的运动方式。图表表示，在被调查人群中，有34% 的人喜欢骑单车，有 55% 的人喜欢举重……

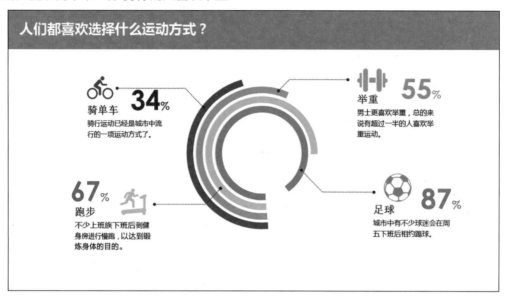

要制作出上图所示的圆环图，需要一些小技巧，关键在于设置辅助数据。如下图所示，是圆环图的原始数据，每一个项目都有一个对应的辅助数据，辅助数据的大小等于 100% 减去项目数据大小。

完成数据输入后，需要设置代表辅助数据的圆环片段为无填充、无边框格式。如下图所示，选中 "跑步" 数据的辅助数据圆环片段，在【设置数据点格式】窗格中选中【无填充】和【无线条】单选按钮，该圆环片段就会 "消失不见"。

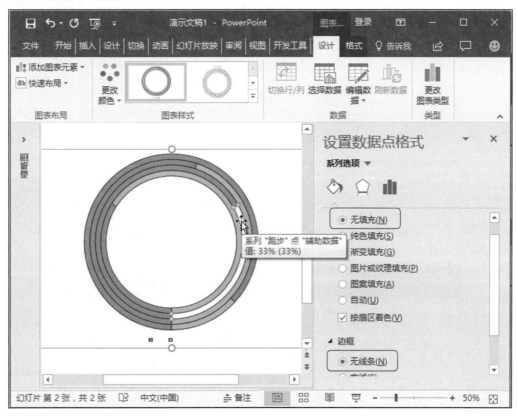

4　数据分布：散点图

　　XY 散点图中，由 X 轴和 Y 轴的一组数据共同决定一个点的位置。通过 XY 散点图，可以了解数据的情况。如下图所示，散点图展示了 2018 年欧洲各国家庭福利开支与生育率的关系，从中可以看到这些国家的生育率分布、家庭福利分布情况，以及两者关系。

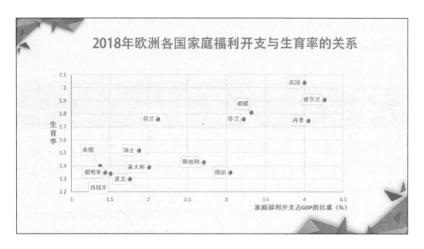

XY 散点是二维图表，只有 X、Y 两个参数。还有一种散点图是三维的，那就是气泡图。气泡图包含 X、Y、Z 三个参数，分别代表气泡的 X 轴、Y 轴坐标参数和气泡大小。使用气泡图可以表现三维的数据关系和分布。如下图所示，气泡图体现了网店商品的收藏量、访客数、销量三者之间的关系，从图表中可以看出，访客数越多、收藏量越大，销量也越高。

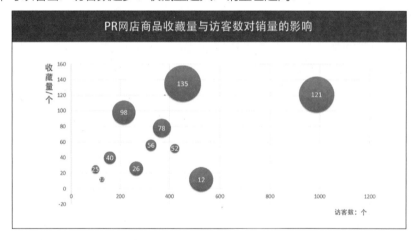

⑤ 综合数据：雷达图、组合图

当需要表达数据项目的数据时可以选择雷达图和组合图。雷达图适合于表现项目较多的综合数据，如下图所示的是通过雷达圈外扩的程度体现数据的变化，即使数据项目很多，也不会显得拥挤。

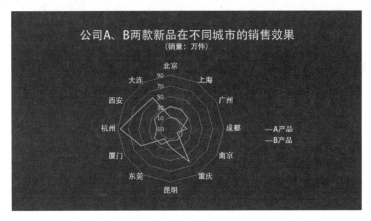

如果数据的类型不同，或者表现的侧重点不同，应选择组合图。如下图所示的组合图中既表现了数据的大小又表现了数据的趋势，还综合体现了两者的关系。

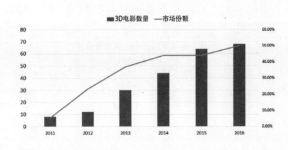

制作组合图时需要注意数据项目所在的坐标轴。如上图中一个数据项是市场份额，另一个数据项是 3D 电影数量，两者的数量单位不同。如此一来，用一个坐标轴体现两种单位的数据就会出错。因此将市场份额数据项目放到了次坐标轴上，如下图所示。

图表可以直观地展现数据，其侧重点不在于数据明细，因此可以通过修改图表的呈现方式，进行有目的的设计，让图表表达特定的意义，做到一样的数据，不一样的图表。

1 修改坐标轴

修改坐标轴可以改变柱形图、条形图、折线图的数据呈现，实现数据"放大""缩小"的效果。

如下图所示，对比下面两张图，图表的原始数据是一模一样的，但是第一张图的数据趋势并不明显，带给观众的感受是"变化不大"，而第二张图却趋势明显，让观众感受到"起伏不定"。

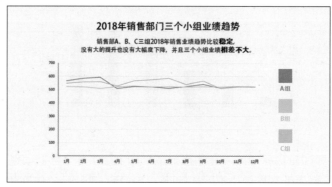

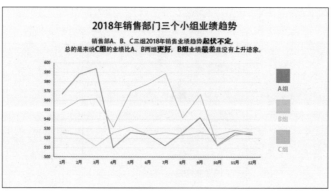

其实这两张图表仅是 Y 坐标轴的边界值范围不同而已，如下图所示，是两张图表的 Y 轴边界值范围。使用相同的方法，可以利用图表来有效引导观众的数据感受。

② 突出显示数据

图表中展示的数据有时并不希望观众全部注意到，如在工作汇报时，希望领导更多地看到好的成绩，而更少地关心做得差的业绩。在这种情况下，可以刻意调整图表的设计，让需要强调的数据颜色更亮、位置更靠前，从而引起观众的注意。而不需要强调的数据则使用不明显的颜色，或者是放在不明显的位置，让观众忽视。

如下图所示，市场部开拓客户的三个城市中，成都市和昆明市都不太理想，只有重庆市稍微好一些，因此将代表"重庆"的数据系列用明显的颜色填充，其他数据则使用不明显的灰色。

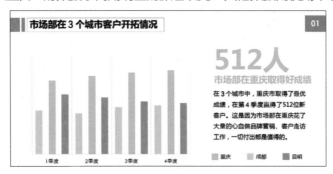

5.2.3 图表填充，让图表与众不同

PPT 是演示工具，对视觉效果有较高的要求。因此很多人会觉得图表不够艺术，没有立体感，

没有真实性。其实可以通过修改图表的填充方式，将实物填充到图表中，这样既保证了数据的正确性，又产生奇妙的真实效果，让观众眼前一亮。

如下图所示，是条形图使用橙子和草莓图片填充后的效果，观众可以轻易辨认出代表橙子和草莓的数据，并且页面效果更加真实有趣。

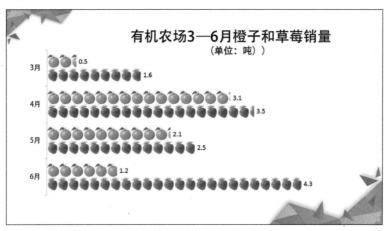

在此案例中，要事先准备好橙子和草莓图片，图片的大小要和条形的宽度差不多。准备图片后，首先选中橙子图片，按【Ctrl+C】组合键复制图片，然后选中图表中代表橙子的条形，按【Ctrl+V】组合键粘贴图片。条形被橙子图片填充后，需要在【设置数据系列格式】窗格中选中【层叠】单选按钮，否则填充图片会受到拉伸影响美观度。草莓图片的填充方式也是如此，如下图所示。

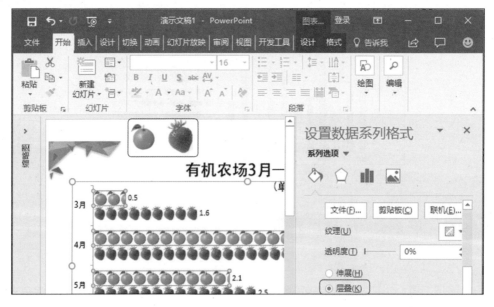

饼图也可以进行食物填充，效果如下图所示，将比萨饼按比例划分，代表不同季度的营业额，页面效果十分生动。

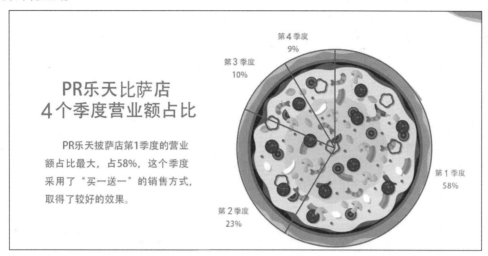

为折线图添加数据标记后，可以使用更改标记的填充方式，使用爱心图形填充标记，与主题更贴切，效果如下图所示。

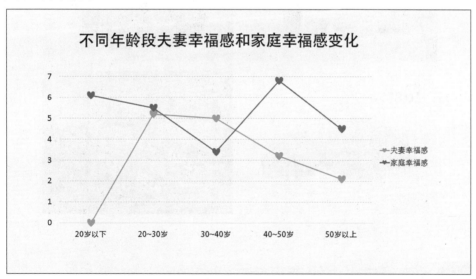

需要注意的是，饼图的填充需要选中【绘图区】填充，而不是选中扇形，如下图（左）所示。折线图的标记设置方式如下图（中）所示。在本案例中，折线图标记填充的爱心可以直接使用爱心形状进行绘制，如下图（右）所示。

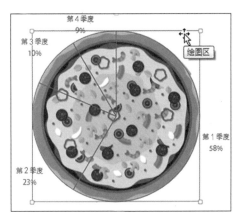

修改图表的填充方式，还可以设计出更多效果丰富的图表，不过这需要一定的设计基础，并且需要借助第三方设计工具。如下图所示的图片可以提供一些思路，拓展图表设计的思维。

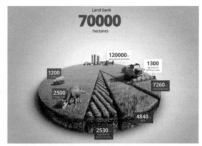

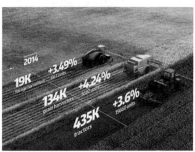

5.2.4 ▶ 高手与小白的差距就在图表布局

观察高手制作的图表，布局元素很少，甚至连坐标轴都没有，可是却丝毫不影响图表数据表达，整体视觉效果又显得简洁大气。高手能有这种功夫，是因为高手对图表的布局了如指掌，他知道什么主题挑选什么布局、哪些布局能为图表加分。

① 重中之重——了解布局

想精通图表制作，不可操之过急，夯实基础才是重点，而布局，正是图表的根基所在。在 PPT 中插入图表，单击【图表工具 - 设计】选项卡下【添加图表元素】按钮，可以看到不同的布局元素，如下图（左）所示。不同的图表在布局上会有一些差异，如果布局元素的选项是灰色的，表示该图表不允许添加这种布局元素。

为图表添加布局元素后，双击这种布局，就可以进行格式设置。如下图（中）和（右）所示，分别是【图例】和【网格线】布局的格式设置窗格，在该窗格中，可以自由设置图例显示的位置、网格线的颜色和线型等格式。正是因为布局的格式设置，导致了 PPT 图表的千差万别。

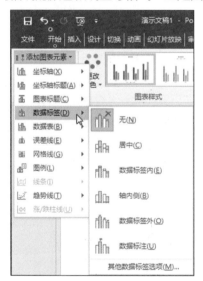  

在众多布局元素中，大部分布局元素从名称来看就可明白这种布局的作用，如【坐标轴】【图表标题】等布局，这类布局不再赘述其功能。下面针对容易出错或不容易明白作用的布局进行思路讲解，读者可以对照如下图所示的思路动手添加这些布局。

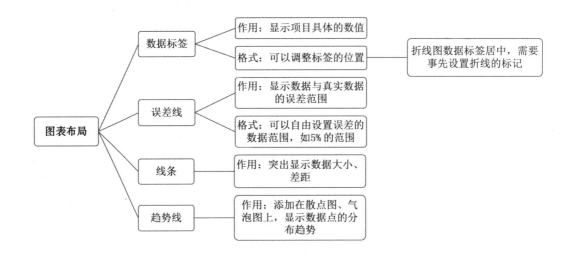

在理解了图表不同的布局元素后，就可以动手为图表布局了。布局的原则是根据主题选择布局。换句话说，这页 PPT 想表达什么，就选择最能表现此含义的布局。

例如，一页表达产品销售测试结果的 PPT，需要展示 A、B、C 三款产品在 4 个季度的销售数据，通过对比不同产品的销售占比来判断产品的销售情况好坏，因此选择百分比堆积柱形图表。主题需要展示的就是具体的销售情况，而非大概的销售趋势，因此需要数据标签布局来展示具体数据。为了进一步强调产品之间的差距，还需要线条布局。图例布局可以让观众明白数据条代表的数据项目。坐标轴可以让观众知道 X 轴和 Y 轴代表的含义。经过综合分析，制作出如下图所示的图表。

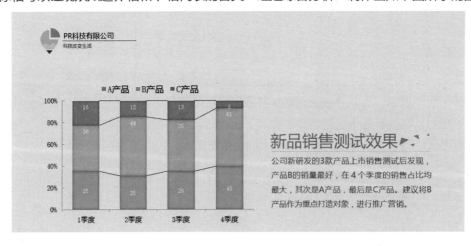

③ 极简的秘诀——布局功能不重复

极简风格的 PPT 看起来更高级，使用尽可能少的元素将含义表达清楚，同时减轻观众的阅读压力。要制作出极简风格的图表，秘诀在于不要使用功能相似或重复的布局。建议新手在制作图表时，尝试将其中的布局删除，然后询问自己"删除这项布局，对观众理解图表有没有影响"，如果答案是"没有"，那么这项布局就可以被删除。

如下图所示，折线图表中添加了太多的布局，以至于布局功能有重复。其中数据标签功能与下方的数据表功能重复，两者都是显示数据具体数值；网络线功能和线条功能重复，两者均有强调数据差距的作用；Y坐标轴作用和数据标签、数据表格重复，既然数据的具体值已经标注出来，观众就不需要通过 Y 轴来判断数据大小。

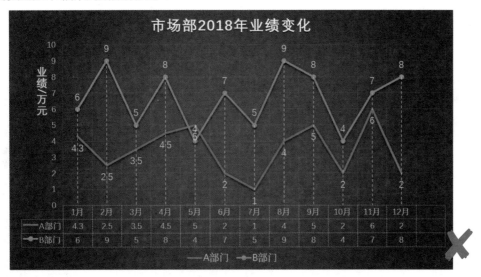

将功能重复的布局元素删除，让图表实现极简化，效果如下图所示。不仅删除了重复布局元素，还将背景色设置为透明，因为颜色也是一种信息，会增加观众的阅读成本。

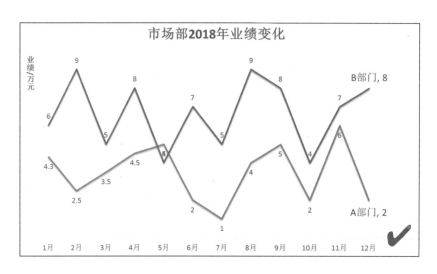

任何图表都可以进行简化，如下图所示的是条形图和柱形图的简化效果。

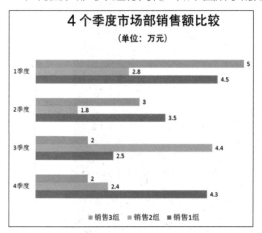

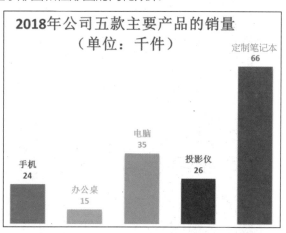

 高手自测 15 ｜ 需要将某公司在 13 个城市的销量数据通过图表展现出来，不仅要展现出销量的大小，还要展现出总销量变化趋势，应该选择什么图表？

扫描看答案

 高手神器 9

让图表更丰富就用Think Cell

Think Cell 是一款功能强大的数据图表制作工具，同时也是大型咨询公司咨询师最爱的数据可视化插件，是全球专业化咨询公司和世界 500 强企业首选的图表制作工具，使用 Think Cell 制作的图表具有商务性，且增加了更多的图表功能。

下载 Think Cell 安装包进行安装后，启动 PowerPoint，如左下图所示，可以看到添加的 Think Cell 插件，其中提供了各种类型的图表。这些图表的插入制作方法与 PowerPoint 系统中自带的图表制作方法相差不大，这里不再赘述。如右下图所示，是使用 Think Cell 制作的柱形图效果。

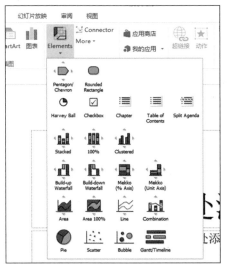 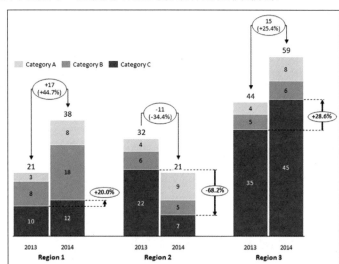

6

锦上添花，让PPT "动" 得恰到好处

初学者做 PPT——看山是山，看水是水。因此沉迷于 "炫技"，恨不得用上所有能 "动" 的元素——动画、音频、视频，三者能加则加。

高手做 PPT——看山不是山，看水不是水。因为他们明白 PPT 是工具、是手段，而不是内涵。他们深刻地领悟了 PPT 制作的内在意义，掌握了每一项元素。动画、音频、视频只有用得恰到好处，才能达到 "无招胜有招" 的最高境界。

请带着下面的问题走进本章

1 什么是切换动画？什么是内容动画？

2 如何根据主题、内容逻辑选择切换动画？

3 内容动画添加后，播放顺序不对，如何调整？

4 视频插入页面中，如何才能不突兀、不影响页面美观？

5 是否所有的 PPT 都需要添加背景音乐？

6.1 添加动画不是为了炫技

PPT 动画看似简单，无非就是选择动画类型进行添加。实则内涵高深，高手经过精心设计，可以做出与 Flash 媲美的动画。新手不假思索，容易做出凌乱、花哨的页面效果，让观众一头雾水。

添加动画不是为了炫技，更不是为了让 PPT 看起来"有水平"，而是为了帮助观众理解内容。因此，对于大多数场合来说，动画的要点是符合逻辑、过渡自然。

6.1.1 切换动画，一定要避免花哨

切换动画指的是从一页幻灯片切换到下一页幻灯片时的页面过渡动画。PowerPoint 2016 中提供了 48 种切换效果，如下图所示，单击【切换效果】按钮即可看到不同的切换效果。要为幻灯片设置动画切换效果，方法是选中这页幻灯片，再选择一种切换效果。动画选择好后，可以设置具体的动画效果及换片方式。

为幻灯片页面设置切换动画很简单，关键在于如何根据不同的场景选择恰当的切换动画。一

个恰到好处的切换动画，不仅会让观众赞赏，还会瞬间加强 PPT 的内容表达效果。下面就来介绍几种典型的切换动画的逻辑适用的场合。希望读者通过以下几种切换动画的学习，达到举一反三的效果。

1 淡出：自然地呈现

淡出动画是最常用且百搭的切换动画，其效果是让页面渐渐地自然呈现，通常用于封面幻灯片，或者是答案揭晓类幻灯片中。淡出动画有两种效果，一种是让页面柔和地呈现，另一种是让页面从全黑屏中渐渐呈现，其中第二种效果更加强烈。

如下图所示，是全黑型淡出效果，这页封面幻灯片从黑屏中慢慢浮现，将主题缓缓地呈现在观众眼前，让观众自然地进入主题。

2 帘式：华丽地拉开帷幕

帘式动画呈现出帘幕缓缓拉开的效果，让幻灯片内容在帘幕拉开后呈现。其逻辑可以用来呈现新上市产品、新的篇章等内容，效果如下图所示。

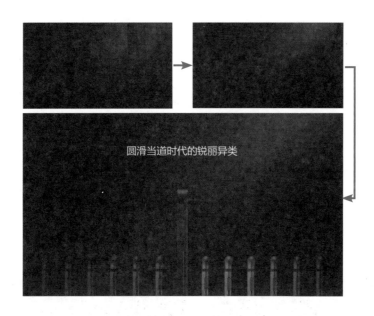

圆滑当道时代的锐丽异类

③ 折断：打破现状、冲破束缚

　　折断的切换效果让页面折断成碎块，再呈现出幻灯片页面内容。这种效果给人一种力量、突破的感觉，因此常用来表达打破现状、冲破束缚，让观众感受到激情和希望。如下图所示的健身宣传 PPT 页面，使用了折断切换动画后，动画逻辑与主题相符，增强了页面内容的感染力。

4 百叶窗：改朝换代、事物更新

　　百叶窗切换动画让前一页幻灯片以百叶窗的形式逐渐翻页，出现下一页幻灯片，从而带给观众旧事物消逝、新事物呈现的感觉。这种逻辑常用来表达"改朝换代"的内容。如下图所示的用百叶窗切换动画展现互联网时代的来临，与主题十分贴切。

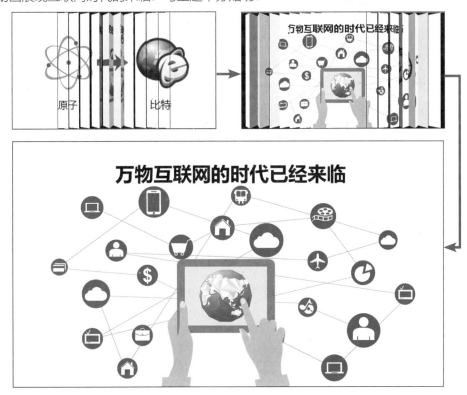

5 涟漪：回忆、过去的时光

　　涟漪切换动画让页面犹如水面波纹一般闪动着出现，似回忆的旋涡。这种动画能表达对逝去时光的回忆，引起观众的怀旧共鸣。如下图所示的一页追忆年少时期篮球梦的 PPT 内容，使用了涟漪动画，让年少时的梦缓缓出现在观众脑海中，调动观众的情绪。

6 飞机：希望、起航、未来

飞机动画让上一页幻灯片变化成纸飞机飞向远方，出现新的幻灯片页面。纸飞机的远飞象征着希望、梦想的起航，用来表现与未来、希望相关的概念。如下图所示的飞机动画效果，表现了大数据时代的新希望。

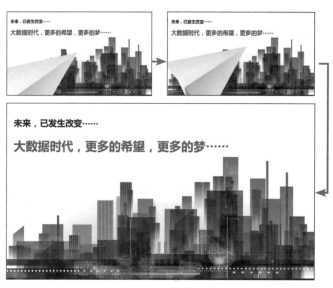

6.1.2　学好动画的精髓再动手

PPT 切换动画针对的是整页幻灯片的切换，而内容动画针对的是单独幻灯片页面中的不同的元素，如文本框、图片、图形，让这些内容合理地动起来。内容动画分为不同的类型，不同的类型作用不同。添加动画后，又可以进行时间、顺序、开始方式等项目的设置。如果不明白这些概念，很容易出现内容不听指挥"乱动"的现象。

1　为什么要添加动画

没有目的地添加动画会让页面内容动得莫名其妙，为页面内容添加动画通常有以下 3 个作用。
（1）为了让内容有序出现
当 PPT 页面中有多个项目的内容时，可以为内容添加动画，让内容有序地出现在观众的眼前，引导观众的思路。内容有序地出现，还可以更好地配合演讲节奏，让内容跟随演讲者的思路依次出现。如下图所示，在这页 PPT 中有 3 个项目的内容，演讲者可以根据自己的演讲节奏控制内容从左到右顺序出现。

让内容顺序出现，通常选择【进入】类型的动画，如下图所示。如果不满意这些动画类型，还可以打开【更多进入效果】对话框选择更多类型的进入动画。

（2）为了强调

页面中的文字、图片、图形等内容如果需要引起观众特别注意，可以添加强调动画。强调动画会以闪烁、旋转等方式对内容进行强调。如下图所示，演讲者在演示这页 PPT 时需要强调"6 次总决赛 MVP"这一项内容，那么可以为该文字所在的文本框添加强调动画。

打开【动画】菜单，可以看到如下图所示的强调动画，如果不满意这些强调动画，还可以打开【更多强调效果】对话框中进行选择。

（3）为了让内容消失

在演讲展示时，为了表达"改变""翻页"等概念，会让 A 内容覆盖在 B 内容上，再通过动画，让 A 内容消失展现出 B 内容，这时就需要用到退出动画。

如下面所示的两张图是一页 PPT 的内容，左边代表垃圾食品的图片覆盖在右边代表健康食品的图片上，通过动画让垃圾食品图片消失，出现健康食品图片，表达"改变"的理念。如果不使用退出动画，垃圾食品图片将无法从健康食品图片上揭开。

如下图所示的是退出动画选项，其作用在于让内容以某种方式消失。

2　如何设置动画

为内容元素添加动画的方式是选中内容元素，再选择一种动画类型。添加动画后，需要进入以下设置，才能让动画按照需求动起来。

（1）选择动画效果

内容元素添加动画后，可以选择动画的具体效果。不同类型的动画所提供的效果不同，如右图所示的是【飞入】动画的效果选项，可以选择飞入的方向。

（2）设置开始方式

动画的开始方式有3种，如下图所示。这3种方式决定了动画如何启动，是在演讲者单击鼠标时启动，还是与上一动画同时启动，或者是上一动画完成后自动启动。

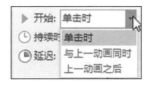

（3）设置时间参数

对动画的时间参数设置包括【持续时间】和【延迟】两方面的设置，如下图所示。

持续时间指的是该动画过程持续的时长，如果想让动画时间持续得较久，时间就要设置得长一些。反之，则将时间设置得短一些。

延迟时间可以让动画延迟启动，作用是配合时间轴上的其他动画，在更恰当的时间启动。例如，为内容设置了【与上一动画同时】的启动方式，同时又设置了00.25s的延迟时间，那么该动画将比上一动画延迟00.25s启动。

（4）设置动画窗格

PPT页面中的动画都会在动画窗格中排列出来，其中【进入】动画是绿色的，【强调】动画是黄色的，【退出】动画是橙色的。在完成页面动画添加后，进行预览，如果发现有需要调整的地方，可以在动画窗格中进行调整。

如左下图所示，将鼠标指针放到动画的时间条上，当鼠标指针变成双向箭头形状 ↔ 时，按住鼠标左键不放，向左或向右拖动鼠标，可以增加或减少动画的持续时间。

在动画窗格中还可以方便地调整动画顺序，方法是选中某动画，按住鼠标左键不放，向上或向下拖动动画，就可以调整动画的顺序，如右下图所示。

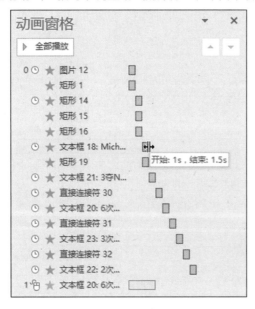

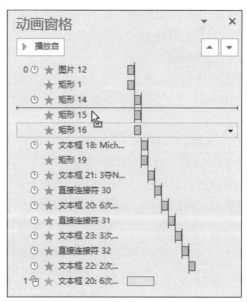

6.1.3 ▶ 简单的动画组合出高级的效果

任何看起来高级的动画都是由最简单的动画组合而成的，合理运用 PowerPoint 中提供的动画，巧妙地设置动画参数，可以制作出效果奇妙的动画。

1 褪色动画

将相同的图片层叠到一起，并改变其中一张图片的颜色，再设置【淡出】动画，可以制作出图片褪色的效果，从而表达"变化""消逝"等概念。下图所示的是褪色动画在播放时的效果。

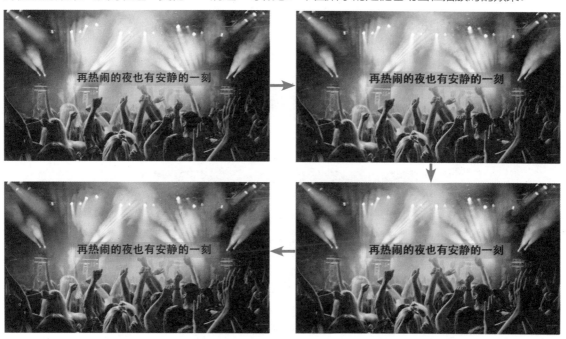

制作褪色动画的具体操作步骤如下。

步骤 01 设置图片颜色。在 PPT 中放置一张灯光、色彩比较亮的图片，然后复制图片，将复制图片的饱和度调整为 0，如下图所示。

步骤 02 设置图片动画。将两张图片重叠，没有改变饱和度的图片在上方，并为这张图片添加【淡出】动画，在【持续时间】文本框中增加持续时间，如下图所示。由此可以让图片由明变暗的过程更缓慢，此时便完成了褪色动画设置。

使用这种方法不仅可以制作出褪色动画，还可以反过来让图片由暗变明，制作出"上色"动画。

重复使用相同的动画也可以制作出丰富的效果，如图所示的是重复使用【缩放】动画而得出的波纹动画效果，适用于封面页呈现标题时。

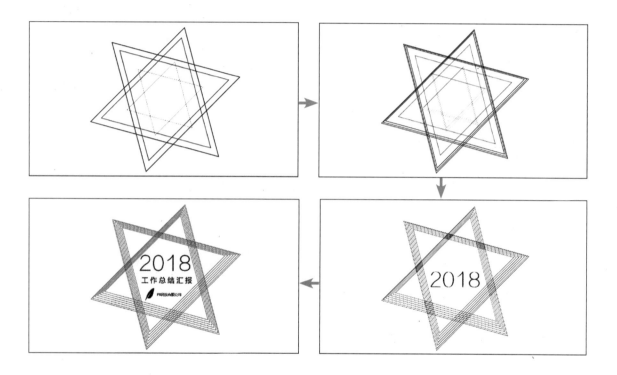

案例所示的波纹动画具体操作步骤如下。

步骤 **01** 绘制三角形。在PPT页面中绘制两个三角形，【高度】和【宽度】分别设置为"14.5厘米""18.97厘米"，将这两个三角形旋转后组合，如左下图所示。

步骤 **02** 锁定纵横比。选中组合后的图形，在【设置形状格式】窗格中，选中【锁定纵横比】复选框，避免后面复制的图形在改变大小时发生变形，如右下图所示。

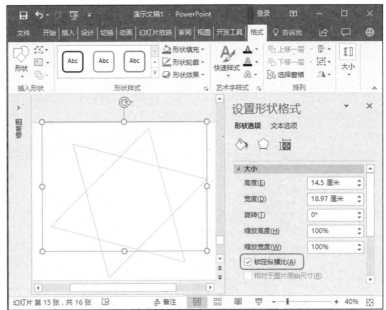

步骤 **03** 添加动画。为组合后的三角形添加【缩放】动画。设置动画的开始方式为【与上一动画同时】，【持续时间】设置为 "00.75" s，如下图所示。

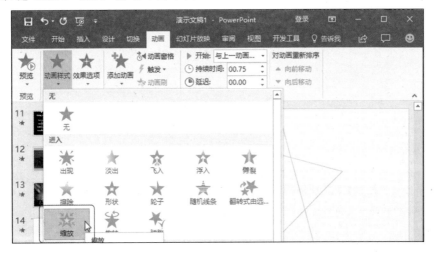

步骤 **04** 复制图形设置大小。选中组合后的图形，按【Ctrl+D】组合键，复制另外一个组合图形，在【大小】组中设置图形的【高度】为 "14 厘米"，如下图所示。由于锁定了图形的纵横比，因此只需调整高度，宽度会自动调整。复制的图形会自带缩放动画，所以不用重复添加动画。按照同样的方法，复制另外的图形，【高度】分别为"13.5 厘米""13 厘米""12.5 厘米""12 厘米"。

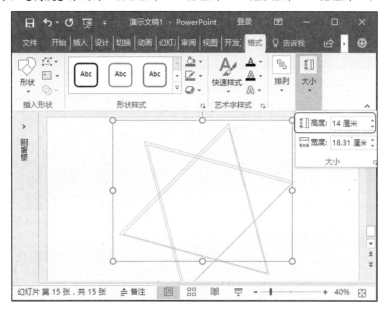

步骤 05 调整图形层次。单击【选择窗格】按钮，在【选择】窗格中调整图形的层级，最大的图形排在最上方，最小的图形排在最下面，如下图所示。

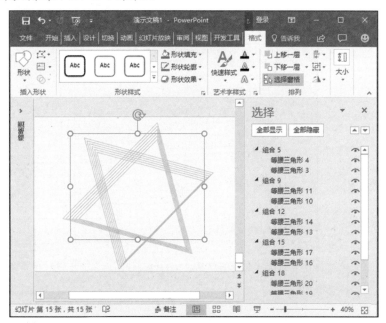

步骤 06　对齐图形。按【Ctrl+A】组合键，选中所有图形，依次执行【水平居中】和【垂直居中】命令，让所有图形关于一个中心对齐，如下图所示。

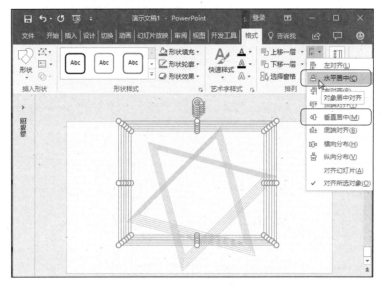

步骤 07　调整动画延迟时间。打开【动画窗格】窗格，此时可以看到所有图形的动画排列，设置第二个图形延迟 00.25s，第三个图形延迟 00.50s，第四个图形延迟 00.75s，依此类推，如下图所示。

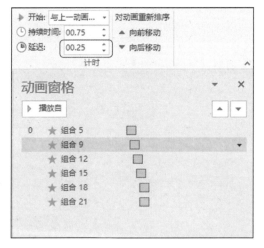

高手自测 16 ——｜　下面这页幻灯片的页面动画应该如何设计？内容的出现顺序应该是怎样的？

扫描看答案

6.2　添加视频增强幻灯片表现力

视频是 PPT 中特殊的内容元素，是图片、文字、图形无法取代的。视频通过动态的画面，结合声音，真实生动地进行展示，富有感染力，又能增强幻灯片的说服力。但是插入视频，不是为了博取人们的眼球，而是要讲究目的、讲究技巧地带给观众好感。

6.2.1　需要添加视频的情况

在决定添加视频前，先思考这个视频对 PPT 有什么作用？一般来说，PPT 中添加视频有以下 3 种情况。

1　为了演示

在 PPT 中插入视频，最常见的作用就是为了演示，如演示礼仪的具体动作、操作方法等。通过视频的演示，观众可以直观地理解内容，而不是凭想象。下图所示为化学教学课件中的视频，其作用是演示实验操作的方法。这样演示比教师口述内容效果更好。

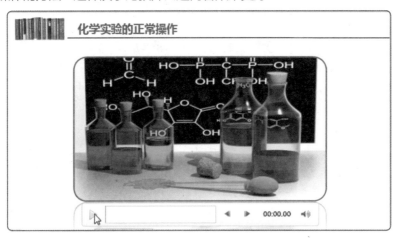

2 为了增加趣味

视频的趣味性高于图片和文字，在演讲时，为了增加趣味性，吸引观众注意，不让观众感到枯燥无聊，可以添加相关视频。例如，观众是小朋友时，可以插入一节《动物世界》的视频或动画片视频，来吸引小朋友注意，页面效果如下图所示。

3 为了解释说明

当需要说明的内容是新产品这类难以用语言描述清楚的内容时，可以添加视频进行解释说明，帮助观众理解。如下图所示的是解释家庭机器人是如何工作的。

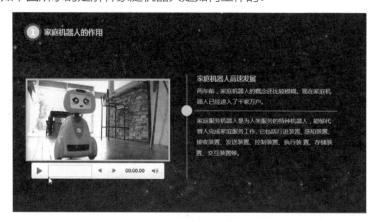

6.2.2 视频添加后，这样处理

插入 PPT 中的视频要想发挥最大作用，需要考虑视频放置的位置是否恰当、外观是否美观、是否会按照要求播放特定的片段。

1 视频位置

视频是一种补充说明的材料，建议新建一页幻灯片单独放置视频，否则可能导致视频画面太小，观众看不清。单独放在一个页面的视频，出于美观考虑，要放在页面的中间，并且视频窗口尽可能地放大。如果必须要与其他内容放在一起，可以将视频放在页面左边，文字或图片内容放在页面右边。

② 视频外观

　　插入 PPT 中的视频首先要注意缩放时要将鼠标指针放到视频四个边角上进行缩放，否则会导致视频长宽比例失调。

　　插入 PPT 中的视频可以选择一张美观的图片作为静态时的封面图片。方法是选择【视频工具 - 格式】→【海报框架】→【文件中的图像】选项，选择事先准备好的素材图片，如下图所示。

　　还可以为视频外观设置样式，最简单的方法是在如下图所示的【视频样式】列表中选择一种样式。如果具有较高的审美素质，也可以自行设置【视频形状】【视频边框】【视频效果】3 个选项。

③ 视频播放设置

　　插入的视频可以进行播放设置，如下图所示，其中最常用到的设置有：裁剪视频，只播放固定的一段视频；设置淡入淡出时间，让视频内容在自然过渡状态下播放或关闭；选中【全屏播放】复选框，可以让视频播放时自动放大到全屏。

 高手自测 17 ← 　下面是一份培训 PPT 的部分页面，哪一页 PPT 需要添加视频？如何添加视频不影响页面的美观效果？

扫描看答案

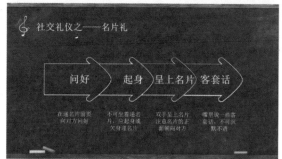

6.3 　添加音频，渲染演讲氛围

PPT 绘声绘色离不开音频的功劳，在演讲时播放音乐，可以渲染气氛，煽动观众情绪。与视频相同，插入页面中的音频需要进行正确设置才能发挥作用。

6.3.1 　根据目的选择音频

插入 PPT 中的音频通常有两种作用，一是作为背景音乐，二是作为录音材料。如果插入 PPT 中的音频没有任何作用，建议不要添加，否则音频的存在会干扰观众的注意力，影响演讲效果。音频的作用不同，所选择的音乐也不同。

1 作为背景音乐

作为背景音乐的音频要根据 PPT 的目的进行选择。例如，婚礼策划 PPT，其目的是让观众感受到浪漫、甜蜜的爱情，因此可以选择浪漫的歌曲，或者是轻音乐；团建活动总结 PPT，其目的是让观众回忆起团建过程中的事迹，可以选择比较有激情的背景音乐，音乐的主题最好与"团结""友情"相关。

并不是所有的 PPT 都需要添加背景音乐，如科技公司的新品发布 PPT、教育课件 PPT，演讲者在讲台上认真地演讲，没有其他声音的干扰，观众反而听得更清楚。

背景音乐的音频通常添加在封面页，音频的播放过程贯穿整个 PPT 的放映过程。

2 作为录音材料

音频的另一个作用是作为录音材料来补充说明内容，如教育课件中的对话、朗读、名师讲解录音等。

作为录音材料的音频应单独添加在相应的 PPT 页面中，而不是贯穿整个放映过程。

6.3.2 处理音频让音乐更精致

与视频一样，音频添加后也需要进行设置，如播放方式设置、裁剪设置，让音频的播放符合实际需求。

1 播放方式设置

背景音乐的音频通常插入封面页幻灯片中，放在页面边角不明显的地方，如下图所示，将喇叭图标移动到页面左上角。

　　背景音乐插入后，可以在如下图所示的界面中进行设置：设置音频的渐强、渐弱时间，让背景音乐缓缓开始播放又缓缓停止；音频的开始方式可以选择【自动】方式，效果是幻灯片开始放映时音频就开始播放，也可以选择【在单击序列中】选项，需要单击音频才能播放音乐；选中【跨幻灯片播放】复选框可以让背景音乐在切换幻灯片后仍然继续播放；选中【循环播放，直到停止】复选框可以让背景音乐循环播放，直到幻灯片放映完毕；选中【放映时隐藏】复选框可以在放映幻灯片时隐藏音频的喇叭图标。

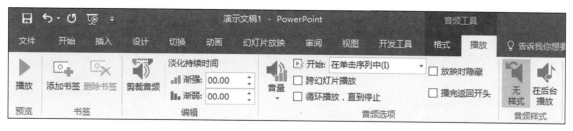

　　作为录音材料的音频插入相应的页面，通常不需要设置音频的渐强、渐弱时间，也不用选中【跨幻灯片播放】等复选框。开始方式最好选择【在单击序列中】选项，让演讲者在需要时单击音频开始播放录音材料。

② 裁剪音频

　　插入页面中的音频可以进行裁剪，只播放固定片段的音频。如下图所示，打开【剪裁音频】对话框，将绿色和红色的滑块移动到音频开始和结束的地方即可完成音频裁剪。

高手自测 18 ● —— 添加音频后，如何设置才能让音频声音缓缓出现，并在结束时声音缓缓变小？

扫描看答案

高手神器 10

动画视频制作就用皮影客

PPT 中需要添加视频，又找不到合适的视频素材时，可以使用皮影客制作动画视频。皮影客是一款帮助普通人快速制作动画的软件产品。它可以将动画制作的过程模块化，分为场景、分镜、人物、动作、对话等不同的模块，用户只需要通过简单的操作将这些模块相组合，就可以制作一个动画。使用皮影客制作动画的具体操作步骤如下。

步骤 01　选择模块。进入皮影客网站中，单击【开始制作动画】按钮，进入如右图所示的界面中，选择一个模块，如【场景】模块。

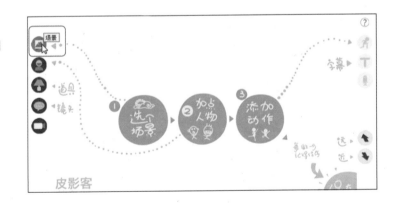

步骤 02　为模块选择具体的形式。进入【场景】模块后，可以选择具体的场景。如下图所示，在【场景】模块中选择一个符合需要的场景。

步骤 **03** 完成其他模块选择。完成【场景】模块的设置后，用相同的方法进入【道具】【镜头】等不同的模块，选择具体的方式。最后单击【预览】按钮，预览动画，如果动画符合需求，则单击【导出视频】按钮，获得完成制作的动画视频，如下图所示。

高手神器 11

音频、视频格式转换就用格式工厂

PowerPoint 支持 MP4、WMV、AVI 等视频格式，支持 MP3、WAV 等音频格式。当视频、音频格式不符合要求时就无法插入。此时可以使用格式工厂转换音频或视频的格式。具体操作步骤如下。

步骤 01 选择转换格式。在格式工厂中选择【视频】或【音频】列表中的格式作为最终转换格式，如下图所示。

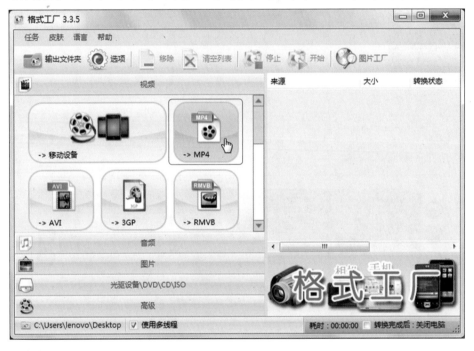

步骤 02 添加文件。选择好格式后，如下图所示，单击【添加文件】按钮添加需要进行格式转换的文件，并设置好【输出文件夹】的位置，最后单击【确定】按钮。

步骤 03　开始转换。此时文件就被添加到转换列表中了，单击【开始】按钮即可开始文件格式的转换，如下
图所示。

7

你的舞台你做主，成就一场完美演绎

PPT 为分享而生，为表演而成。完成制作不是终点，演讲才是最终的战役。演讲者是分享者，更是舞台的主人。一位有主人气度与风范的演讲者，必定熟练掌握硬件操作技巧和现场表达方法。

演讲前充分准备，解决格式问题、兼容问题……应对不同突发情况；演讲中使用手机遥控、随心放映，保证过程流畅；结合演讲技巧，从容面对紧急状况，用开场白、手势调动观众情绪，赢得掌声不断、赞许不停。

请带着下面的问题走进本章

1　演讲场地的 PowerPoint 版本不同，打不开 PPT 文件怎么办？

2　PPT 文件保存成视频、图片、Flash 格式有什么用？

3　演讲排练时，重点是在练什么？

4　演讲场地没有提供激光笔怎么办？

5　演讲时遇到观众质疑如何巧妙应对？

7.1　做有心人，确保演讲万无一失

《战国策》云"行百里者半九十"，这句话在 PPT 中同样适用。完成 PPT 制作还没有结束，要正确地保存文件、共享文件、做好备注，才能保证后期的演讲顺利进行。

7.1.1　文件打包，再也不怕内容丢失

当 PPT 文件中插入视频、音频、Flash 文件，以及使用了特殊字体时，将文件换一台计算机播放容易出现内容丢失的情况。例如，在演讲时可能遇到视频无法播放、音频没有声音的情况。为了避免这种情况发生，可以在保存文件时使用打包操作，将所有用到的素材文件都打包到一起，复制时将整个打包文件一起复制。

文件打包的方法是，单击文件菜单中【导出】选项卡下【将演示文稿打包成 CD】按钮，再单击【打包成 CD】按钮，如下图所示。

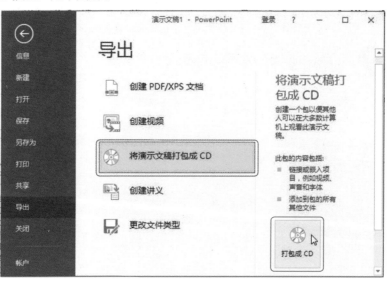

打包文件时有一些需要说明和注意的地方。执行打包命令后，会出现【打包成 CD】对话框。通常情况下单击【复制到文件夹】按钮，将打包文件打包到计算机中的文件夹，也可以单击【复制到 CD】按钮，但是需要提前插入 CD 光盘，打包文件才能打包到 CD 光盘中，如下图所示。

在打包文件时可能会出现如下图所示的对话框，单击【是】按钮才能将 PPT 文件中的视频、音频等素材文件一起打包。

7.1.2 酷炫格式，没有安装Office也能播放

PowerPoint 2016 提供了多种保存格式，满足 PPT 在不同情形下的分享需要。

1 视频格式

将 PPT 保存成视频格式适用于展会、多媒体教室等场地播放，且不要求播放计算机中有 Office 软件，也不用担心兼容问题。将文件导出成视频的方法如下图所示。

视频导出可以选择【全高清（1080p）】【高清（720p）】【标准（480p）】3 种模式，文件大小也依次减小。如果不要求文件大小，建议选择【全高清（1080p）】选项，最大限度地保持视频的清晰度。

在导出视频时可以使用录制的计时和旁白，这样视频在播放时就会按照设置的时间进行播放，同时播放演讲者提前录制的解说旁白。

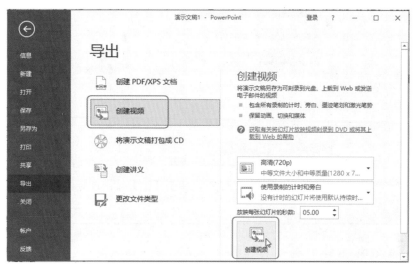

2 PDF/XPS 格式

如果 PPT 文件中没有视频、音频、Flash 内容元素，又希望最大限度地方便分享，且不想让他人轻易修改 PPT 中的内容，可以选择将文件保存为 PDF/XPS 格式。这两种格式可以保留 PPT 中的文字、图片、图形内容，阅读效果很好。计算机中的很多阅读器都支持打开 PDF 文件，XPS 文件可以使用 Web 中的浏览器打开。

3 讲义格式

在制作教学课件时，希望将备注中的内容也一同分享给学生，此时可以将 PPT 文件保存为讲义格式，让学生既能浏览 PPT 页面又能获得教师补充讲解的知识要点。

将文件保存为讲义的方法如左下图所示。保存为讲义前要设置版式，选择备注与幻灯片的位置关系，如【备注在幻灯片旁】，选中【粘贴】单选按钮可以让讲义中包含幻灯片图片，如右下图所示。

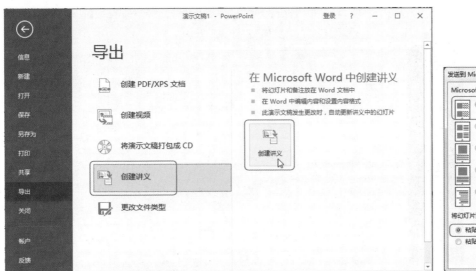

保存成讲义文件类型是 Word 格式，如下图所示，文档中包含了幻灯片及备注，也可以将这份 Word 文档打印出来发给观众，以便观众在演讲时能即时找到重点。

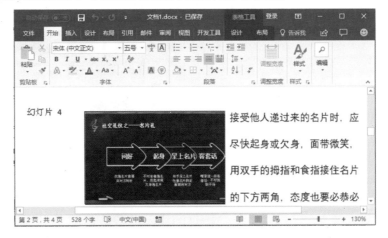

④ 图片格式

在媒体时代，图文成了主要的传播之一。如果想在微博、微信等媒体平台分享 PPT，可以将文件保存为图片格式，方便分享。不建议使用截图的方式保存每一页幻灯片，因为截图后再保存会影响清晰度，并且不够方便。

将文件保存为图片的方法如下图所示，如果保存为图片需要进行打印，就选择【PNG可移植网络图形格式】，要在网络上分享，就选择【JPEG文件交换格式】。

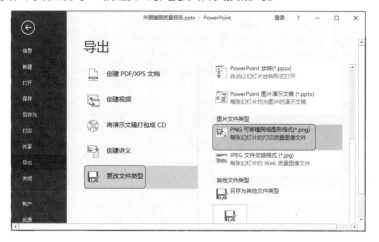

将文件保存为图片时，会弹出对话框询问要导出哪些幻灯片，单击【所有幻灯片】按钮即可快速将所有幻灯片保存为图片，如左下图所示。最后导出成图片的 PPT 文件效果如右下图所示，这些图片都有较高的清晰度。

7.1.3 文件大小，随心所欲

特殊情况特殊处理，一成不变的 PPT 文件大小并不能适应所有场合。例如，客户在网络的另一

端等着接收提案 PPT，PPT 中包含大量内容，导致文件过大需要很多时间发送。又如，要将 PPT 导出成图片进行打印，结果图片尺寸太小，导致打印出来的图片不清晰。下面就来介绍如何让文件变小，如何让导出的图片像素变大。

1 让 PPT 文件小一些

　　PPT 文件中包含了大量图片时会让文件变得很大，可以通过压缩图片的方式让文件变小。压缩图片的方法有以下两种。

　　第一种方法压缩图片，可以在页面中选中图片，单击【图片工具 - 格式】选项卡下的【压缩图片】按钮，如下图所示。

　　单击【压缩图片】按钮会弹出【压缩图片】对话框，如左下图所示，选中【仅应用于此图片】复选框，则只压缩当前选中的这一张图片，取消选中该复选框则将压缩 PPT 文档中的所有图片。如果图片进行了裁剪，则选中【删除图片的剪裁区域】复选框意味着软件将不再保留图片裁剪外的部分，如果确定不再对图片的裁剪区域进行修改，选中该复选框可实现对图片的有效压缩。

　　第二种压缩图片的方法是在 PPT 文件保存时，单击【工具】下拉按钮，在弹出的下拉菜单中选择【压缩图片】选项，也可实现对文件中的图片压缩，如右下图所示。

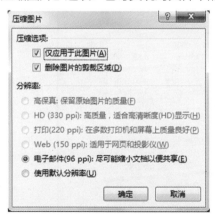

② 让导出图片像素大一些

将 PPT 文件导出为 JPG 或 PNG 格式时，导出的图片像素通常不会特别高，如果要将图片打印成尺寸极大的海报、KT 版，就会出现模糊。这时可以通过修改注册表的方式将导出图片的像素变大。具体操作步骤如下。

步骤 01　按【Windows+R】组合键，打开【运行】对话框，在对话框中输入 "regedit" 后单击【确定】按钮，如右图所示，此时可以快速打开【注册表编辑器】对话框。

步骤 02　在打开的【注册表编辑器】对话框中，按照 HKEY_CURRENT_USER\Software\Microsoft\Office\16.0\PowerPoint\Options 的顺序依次展开菜单层级（16.0 对应的是计算机安装的 Office 2016 版本，如果安装的是 Office 2013 版本则选择13.0，依此类推）。在右侧窗口空白处右击，在弹出的快捷菜单中选择【新建】→【DWORD（32-位）值】选项，如下图所示。

步骤 **03** 新建文件后，右击新建的注册表文件，在弹出的快捷菜单中选择【重命名】选项，并将其重命名为"ExportBitmapResolution"，如下图所示。

步骤 **04** 双击新建的文件，打开【编辑 DWORD（32 位）值】对话框，选中【十进制】单选按钮，并在【数值数据】文本框中输入"1024"，最后单击【确定】按钮，如右图所示。此时便完成了注册表设置。

　　完成注册表设置后，再导出 PPT 图片，会发现图片像素与之前相比大多了。下图所示是设置注册表前后导出的图片大小对比，后者的像素、尺寸都特别大。需要说明的是，选中 PPT 页面中的图形、文字等元素并右击，在弹出的快捷菜单中执行【另存为图片】命令时，其大小不受这种方法的影响。

微软公司在不同的时期发布了不同的 Office 软件版本，其中包括 PowerPoint 2003、PowerPoint 2007、PowerPoint 2013、PowerPoint 2016 等。软件版本不同，就会带来兼容问题，如用 PowerPoint 2016 版本制作的 PPT 无法在安装了 PowerPoint 2003 的计算机上打开或编辑。

为了避免出现兼容问题，可以在完成 PPT 制作后，检查兼容性，方法如下图所示，选择【检查问题】下拉菜单中的【检查兼容性】选项。

对 PPT 文件进行兼容性检查后，会弹出检查结果，如左下图所示，其中说明了会出现兼容问题的具体项目，只需要按照说明解决这些项目问题即可。如果实在不知道如何解决，可以单击【帮助】按钮，查看帮助说明。

Office 软件不同的版本间，有向下兼容的特点，即高版本可以打开低版本软件，而低版本软件无法打开高版本软件。如果用高版本制作好 PPT，但是放映计算机中的 Office 软件版本比较低，可以将 PPT 文件另存为较低版本。如右下图所示，在【另存为】对话框中，选择文件的保存类型为【PowerPoint 97-2003 演示文稿（*.ppt）】类型，就可以将文件保存为 PowerPoint 2003 版本的 PPT 文件。

7.1.5 文件加密，权限你说了算

PPT 文件有时会包含一些机密信息，如企业的新品介绍 PPT、定制教学课件 PPT，此时就需要为文件加密。在不同的情况下，观众所具有的权限也不同，如有的 PPT 只允许观众查看但不能编辑，而有的 PPT 可以让知道密码的观众编辑。

① 知道密码才能查看

用密码进行加密后，只有知道密码的人才能打开 PPT 查看并编辑，加密方法如下图所示，单击【文件】菜单中的【保护演示文稿】按钮，选择【用密码进行加密】选项，然后在打开的【加密文档】对话框中输入密码，单击【确定】按钮即可。

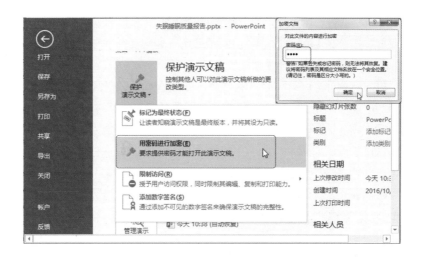

如果要取消 PPT 文件的密码，只需再次单击【保护演示文稿】按钮，选择【用密码进行加密】选项，将【加密文档】对话框中的密码删除再重新保存文件即可。

2 知道密码才能编辑

文件加密还可以设置编辑密码，只有正确输入密码才能修改 PPT 中的内容。这种设置密码的操作步骤如下。

步骤 01 在【文件】菜单的【另存为】面板中，单击【更多选项】按钮，如下图所示。

步骤 02 在【另存为】对话框中，单击【工具】按钮，在弹出的下拉菜单中选择【常规选项】选项，如下图所示。

步骤 03 在【常规选项】对话框中的【修改权限密码】文本框中输入修改密码，然后单击【确定】按钮，如右图所示。此时文件就成功设置了修改密码。

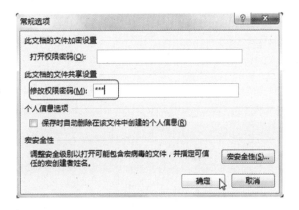

在特殊情况下，演讲者与观众不能在同一空间分享 PPT 文件，这时可以通过联机演示功能，使演讲者和观众即使在不同的地点也能完成演讲分享，具体操作步骤如下。

步骤 01 单击【幻灯片放映】选项卡下的【联机演示】按钮，再选择下拉菜单中的【Office Presentation Service】选项，如下图所示。

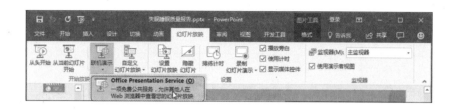

步骤 02 在弹出的【联机演示】对话框中，根据实际情况，选择性选中【允许远程查看者下载此演示文稿】复选框，单击【连接】按钮，如左下图所示。然后就需要稍加等待，如右下图所示，等待完成联机准备。

步骤 03 完成联机准备后，会出现如右图所示的链接，单击【复制链接】按钮，再将复制的链接发送给观众，观众就可以将链接复制到浏览器中同步观看演讲。

7.1.7 成功的演讲应该这样排练

"台上一分钟，台下十年功"，充分道出了排练演讲的重要性。在演讲之前，演讲者最好使用

PowerPoint 的排练计时功能进行多次练习，也可以找一些朋友充当观众进行练习，将自己的心态和气场都调整到最佳状态。

1 使用排练计时功能

使用 PPT 进行演讲汇报前，可以进行演练，调整演讲语速和内容，控制每页幻灯片的演讲时间。如下图所示，单击【排练计时】按钮即可进入排练状态。

进入排练计时状态后，如下图所示，计时器记录了演讲者演讲每一张幻灯片的时长和演讲完所有幻灯片的时长。演讲者在排练时需要不断调整语速，直到自己能很好地控制演讲时间。

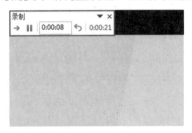

2 有观众在场

有观众在场的排练和单独排练效果是不同的。因此，如果条件允许，演讲者可以邀请几个熟悉的朋友在场听自己演讲。在场的观众注意记录演讲者说诸如"嗯""啊"之类的语气词的次数、说口语的地方和次数、停顿的次数、忘词的地方。然后在演讲完后进行总结，改掉不好的演讲习惯。

3 练习不同版本的演讲

做事周全的人凡事都会有 A、B 两个方案，演讲也是如此。演讲当天的情况是不能完全预料和可控的，根据需求准备不同的演讲版本很有必要。面对突发情况，如果有应急方案，那么就能够从容面对，收放自如。例如，工作汇报 PPT，领导可能因为有紧急事情，将会议时间缩短，所以可以准备 10 分钟、5 分钟、3 分钟，3 个时长版本的演讲。

④ 在摄像状态下演讲

在演讲排练时，推荐事先使用手机进行录制，如果有条件，也可以使用摄像机录像。观看自己的演讲录像可以发现很多问题，如是否驼背、是否有一些不经意的小动作、状态是否自信，方便纠正自己在演讲时的姿势、动作。

7.1.8 备注是提词器，不是演讲稿

PowerPoint 软件提供了备注功能，演讲者可以在每一页幻灯片下方添加备注，防止在演讲时忘词。

但是有很多人写备注的方式是错的，太多的人将备注写成了演讲稿。事实上，备注的功能相当于提词器，记录关键词、演讲逻辑线索，才能发挥最大的用处。

如下图所示是错误的写备注方式。演讲者把内容事无巨细都统统记录在备注中。问题是，这么多的字，在演讲时能看完吗？演讲时眼睛一直盯着计算机看，会显得不自信、没有演讲风度。

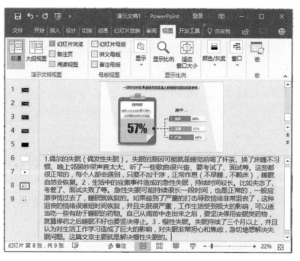

正确的备注是将这页幻灯片的演讲内容按照先后顺序的逻辑，记下关键词，让演讲者看到关键词就能想起要说什么，如下图所示。

 高手自测 19 ———— PPT 制作完成后，如何操作才能保证换一台计算机也能正常播放？

扫描看答案

7.2 做细心人，演讲时的十八般武艺

在演讲中要想赢得鲜花和掌声，不仅需要演讲者收放自如的精彩演讲，还需要正确的设备操作，否则就会出现"幻灯片放映不听控制"的尴尬情形，破坏演讲者原本的状态。

7.2.1 手机遥控器，轻松控制放映

并非所有的演讲场地都会准备激光笔。在没有激光笔，又没有放映助手的情况下，演讲者需要

自己到计算机前进行幻灯片切换等操作，打破了排练好的演讲节奏，影响演讲者的状态。建议演讲者安装一个手机遥控器，使用手机控制幻灯片，以最佳的姿态分享 PPT。

　　手机端控制 PPT 的 App 有多种选择，其中就有"百度袋鼠"App。分别在手机端和电脑端安装"百度袋鼠"的软件后，打开手机端 App 扫描电脑端的二维码，就会出现如左下图所示的界面，表示连接成功。此时可以通过手机来控制放映的进度，也可以直接将手机变成激光笔，来指向幻灯片页面中的重点内容，如右下图所示。

7.2.2 　放映方式设置，随心所欲

　　放映 PPT 前需要进行放映设置，方法是单击【幻灯片放映】选项卡下的【设置幻灯片放映】按钮，打开如下图所示的【设置放映方式】对话框，演讲者可以在这里进行放映设置。需要注意的设置如下。

　　放映类型：通常选中【演讲者放映（全屏幕）】类型，这样演讲者可以自行控制幻灯片放映；在展厅这样的场合可以设置为【观众自行浏览（窗口）】类型，让观众来控制幻灯片放映；选中【在展台浏览（全屏幕）】单选按钮则会让 PPT 自动放映。

　　激光笔颜色：要根据 PPT 的色调来选择笔颜色。例如，PPT 的色调是红色，激光笔要选择绿色或蓝色，否则红色的激光笔放在红色的幻灯片页面中会不明显，观众无法注意。

　　换片方式：选中【手动】单选按钮，则由演讲者手动切换幻灯片；如果需要播放事先录制好的幻灯片，则选中【如果存在排练时间，则使用它】单选按钮。

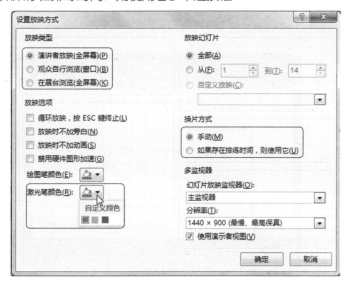

在放映幻灯片时，为了达到最佳演讲效果，演讲者需要调出备注作为提词器，演讲时可以使用各种小工具，如激光笔。

① 开启演示者视图

开启演示者视图可以让演讲者看到备注，而观众看不到。方法是按【Windows+P】组合键，出现如下图所示的界面，一共有 4 种选择方式。选择【扩展】方式，这种方式允许计算机屏幕和投影显示不同内容。而【复制】方式是指计算机屏幕和投影显示相同内容。【仅计算机】方式是只在计算机上显示内容。【仅投影仪】方式则是只在投影仪上显示内容。

进行【扩展】设置后，在放映幻灯片时右击，在弹出的快捷菜单中选择【显示演示者视图】选项，如左下图所示，演讲者就可以看到备注了。右下图所示是演讲者看到的视图内容，界面右边显示了备注内容。

2 使用笔

在放映 PPT 时，单击左下方的【笔】按钮，可以选择不同类型的笔，如下图（左）所示。其中【激光笔】可以指向重点内容，而【笔】和【荧光笔】可以勾画重点内容。如下图（中）和下图（右）所示，分别是激光笔和笔的效果。使用笔的功能，可以即时引起观众对重点内容的关注。

3 中场黑屏 / 白屏

在演讲 PPT 时，特殊情况下需要中场休息，此时可以按【W】键或【B】键，将屏幕调整为白屏或黑屏。如果要继续演讲，则按【Esc】键，屏幕会回到刚才暂停的幻灯片界面。

 高手自测 20 ── 演讲时要给观众标注出重点内容应该怎么做？

扫描看答案

7.3 做有魅力的人，这样演讲 PPT

白领做好项目方案 PPT 需要在客户面前落落大方地演讲，打动客户；部门主管做好工作总结PPT 需要在领导面前有条有理地陈述，让领导了解工作进展；学生做好毕业答辩 PPT 需要在导师面前展示汇报，让导师看到学生的成果。如果说 PPT 是躯体，那么演讲就是灵魂。为了一场完美的演讲，可以刻意学习、练习使用技巧，打动观众。

7.3.1 扣人心弦的开场方式

一个干净利落、扣人心弦的开场白至关重要。开场白要根据演讲的目的来安排，而不能盲目模仿。很多演讲者会讲搞笑段子、会表演魔术，这些开场方式也许能逗乐观众，但是如果开场的内容与 PPT 主题无关，反而会让观众疑惑"这场演讲是关于什么的？"所以要记住：开场白的目的是抓住观众的注意力和好奇心。基于这项原则，面对不同的 PPT，有以下 5 种开场方式值得借鉴。

① 戳痛点

像刀锋一样锋利的开场会带给观众一个印象深刻的开头。这种开场方式的技巧是，抓住观众的痛点，然后放大痛点。例如，一场商品宣传会，商品是老年人的保健产品，目的是想让观众产生购买欲。那么开场可以是："今天请各位来到这里，我要讲一个非常严肃的问题，如果今后你们父母患病卧床怎么办？"这样的开场方式给观众制造了一个悬念，有效吸引注意力。

戳痛点式的开场方式适用于商品推广 PPT、公益活动 PPT、教育课件 PPT。需要注意的是，要找到观众合理的痛点，在没有痛点的情况下不能强行为之。

② 总结现状 / 问题

对当下的现状或问题进行短小精悍又直指要害的总结，这种逻辑缜密的开场方式容易引起观众的好感，让观众感到演讲者是一个理性、可靠的人。例如，一个商务合作提案，如果一来就讲解提案的内容，观众可能不感兴趣。但是开场就开门见山地对当前问题进行犀利的总结，观众就会产生疑问"这些问题怎么解决"，从而有了倾听的欲望，自然而然地想听听提案中的问题分析、对策、规划等内容。

总结现状或问题式的开场适用于商务合作 PPT、新品介绍 PPT、项目方案 PPT、运营规划 PPT 中。需要注意的是对现状或问题的总结是逻辑缜密的，否则开场就会出现逻辑上的漏洞，会让观众怀疑演讲者的水平。

③ 题外话

为了拉近与观众的距离，在开场前可以使用题外话来缓和现场气氛。题外话可以是演讲者自己的一些经历，这种经历可以让观众感受到这是一个真实的人，而不是一个演讲机器。例如，一位礼仪培训师可以这样开场："昨天我刚到这座城市时，遇到了一些小状况。我将钱包落在出租车上了，结果出租车司机用了各种方法找到了我。这让我感受到身为出租车司机的职业素养，我顿时爱上了这座城市。"

从题外话谈起的开场方式适用于培训 PPT、婚礼策划 PPT、旅游介绍 PPT。需要注意的是，这种方式所找的题外话也需要与演讲的主题相关，否则就是跑题。

4 给出定论

有的演讲稿内容犹如一篇论文，整个演讲都在论述一个问题，直到得出结论。那么可以在开场时，就先将演讲最后的定论抛出。这符合内容的金字塔原理，可以让观众对内容结构更加明白，在倾听演讲的过程中犹如"顺藤摸瓜"般地听完整个演讲。例如，一场关于大数据营销的演讲，开场白可以是"未来，已经发生改变！大数据时代，将会是一个可怕又可爱的时代。"

开场抛出定论的方式，适用于网络科技 PPT、论文答辩 PPT、环境保护 PPT、金融经济 PPT。这种方式要求开场的定论要独特、惊艳，否则平淡无奇的定论反而会让观众失去兴趣。

5 讲故事

讲故事是比较广为人知的开场方式，因为故事容易有趣、吸引人。例如，在公司宣传会上，演讲者以公司在开创过程中一个艰苦且又感人的故事作为开场白，在吸引观众的同时，打动观众。故事可以说是一种情怀，能奠定演讲的基调，能以情动人。

以故事开场的方式适用于公司宣传 PPT、工作室 PPT、公益活动 PPT、环境保护 PPT。需要注意的是，故事再好听，也需要与主题息息相关，故事是为观点服务的。如果有多个故事要讲，最好梳理一些思路顺序，选择最动人的故事作为开场，其他故事则穿插到演讲过程中，为演讲高潮作铺垫。

7.3.2 演讲中常见问题的应对方法

演讲过程中难免会出现意料之外的情况，如观众反应很冷淡、观众提出了难以回答的问题、演讲超时……无论遇到什么问题，都不能自乱阵脚，影响接下来的发挥。下面就来介绍这些演讲中的典型问题如何理性应对。

1 观众反应冷淡

正常情况下，演讲时无论是出于尊重还是对内容本身的兴趣，观众都会比较专心地听演讲。但是在有的情况下，观众对演讲的态度表现得极为冷淡，甚至自顾自地玩手机。这种情况会让演讲者感到气馁，想打退堂鼓。

应对方法：为了避免观众玩手机、看笔记本电脑，可以在开场时就礼貌地请求观众关闭电脑，将手机调成静音放在包里，这样的请求会让观众的行为得到收敛。当有观众出现漫不经心的行为时，可以再次礼貌提醒；或者是更加重视认真听讲的观众，与他们进行眼神交流。也可以迅速跳过当下的演讲环节，进入后面更精彩的提问环节、抽奖环节，其思路如下图所示。

② 观众质疑

学术型演讲、产品介绍演讲等情况下，可能会有观众对演讲者的观点质疑，或者是表现出不认同、不屑的态度。

应对方法：演讲者应该明白一个事实，在演讲场地中，演讲者是拿着话筒的人，是有主动权的人。因此在开场时就要立下规矩，说明本次演讲的互动方式，规定观众可以提问和发言的时间。只要观众不在演讲时质疑，就能把对演讲者的影响降到最小。如果观众打破规矩在演讲时质疑，这时一定不能发火，要礼貌地打断他、说服他，或者告诉他"确实有很多朋友存在这样的疑惑，演讲完后我会给您一个满意的答案"，其思路如下图所示。

③ 幻灯片上内容有误

一般来说，在演讲前要进行多次幻灯片内容检查，不要有错别字甚至是错误信息。如果实在疏忽大意遇到这种情况，甚至是观众指出错误，演讲者应该坦然面对。

应对方法：当观众指出幻灯片上的错误时，首先要承认错误，然后感谢观众，也可以对观众的专业进行表扬，并更正错误，最后回归正常继续演讲，其思路如下图所示。

4 观众人数少于预期

有的演讲事先无法确定到场观众的人数，如产品发布会、活动宣传，只能发出邀请，但是观众可以自由选择到场与否。当出现观众过少时，不能以既定的方式进行演讲，而应该换种方式保证演讲效果。

应对方法：观众人数过少，不能将其当成一群观众来演讲。演讲者可以关注到每一个观众，在演讲过程中，让观众单独提问或是与观众一对一交流，其思路如下图所示。

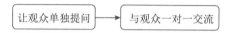

5 无法解答观众的提问

演讲者不是万能的，遇到观众提出超过演讲者知识水平或认知范畴的问题很正常。

应对方法：演讲者要学会说"不知道"，坦然的态度比不懂装懂更好。同时可以记录下这些问题，留下观众的联系方式，保证自己会回去进行思考，并将答案发送给观众。也可以向现场的观众求助，请他人来解决这个问题，同时也给观众一个展现的机会，其思路如下图所示。

说"不知道" ➞ 请观众留下联系方式 ➞ 保证会解决这个问题

6 演讲超时

在演讲之前进行排练就需要对时间进行把控，让每一段演讲内容都在既定的时间内平稳进行。演讲者兴致高涨，或者是有突发情况时，可能导致演讲超时。

应对方法：演讲者可以在开场前请助手在时间还剩 15 分钟时做出手势提醒，以便调整下面的演讲内容。如果没有助手，同时又演讲超时，也不要慌张，可以根据观众的关注点进行内容取舍。也不要敷衍了事，草草收场，将重点内容讲出来，放弃次要内容即可，其思路如下图所示。

心理学上有一个公式：信息的传达 =7％的语言 +38％的声音 +55％的肢体动作。这表明人们获取的信息大部分来自视觉印象，肢体语言的重要性不言而喻。在演讲中，手势又是最为重要的肢体语言，"大师"级别的演说家常常依靠一个简单的手势就表达出"坚定的信心""深沉的悲痛"等情绪，在很大程度上感染了观众。

1 请观众回答问题

当希望与观众互动时，可以将手掌合并伸出去，并说"下面请这位观众讲一下您的观点"，同时眼神要注视着这位观众。这种手势比用食指指向观众更为礼貌，如右图所示。

2 表示反对、无话可说

当谈论到某个观点，且不认同该观众，认为这个观点是无稽之谈时，可以两手向外伸开，表达出无奈的情绪。这种手势没有冒犯性，不会引起观众反感，如右图所示。

3 表达坚定的观点

要表达坚定的观点可以食指指向上方，给人一种坚决、有力量的感觉。注意食指不要指向观众，否则显得有挑衅意味，不够礼貌，如右图所示。

④ 展示商品

展示商品时，应该将商品托起，掌心向外，高度位于脸颊上下，且离脸部有一定距离，同时配合脸部微笑。这种展示商品的手势表达的是自信、满意。不要将商品拿在胸前、腹部，这样显得小气且不雅观，如右图所示。

⑤ 表达坦然的手势

当没有特定内容需要手势配合时，手不要背在身后，显得古板，最好也不要自然下垂，显得不够自信。可以将手的十指轻松相触，放在胃部的位置。这个手势显得自信、轻松，如右图所示。

 高手自测 21 —— 演讲开始时，观众兴趣不高，如何利用开场白调动观众情绪？

扫描看答案

高手神器 12

压缩文件就用PPTminimizer

PPT 中插入的视频、音频、插入的图片过多，常常导致 PPT 文件太大，不方便复制、发送。此时可以通过 PPTminimizer 工具对 PPT 文件进行压缩。

如左下图所示，可以选择【标准压缩】方式。如果此压缩方式不能满足需求，可以单击【设置】按钮，如右下图所示打开【自定义压缩设置】对话框，按照需求设置压缩参数。